沖縄の土木遺産

先人の知恵と技術に学ぶ

「沖縄の土木遺産」編集委員会 編

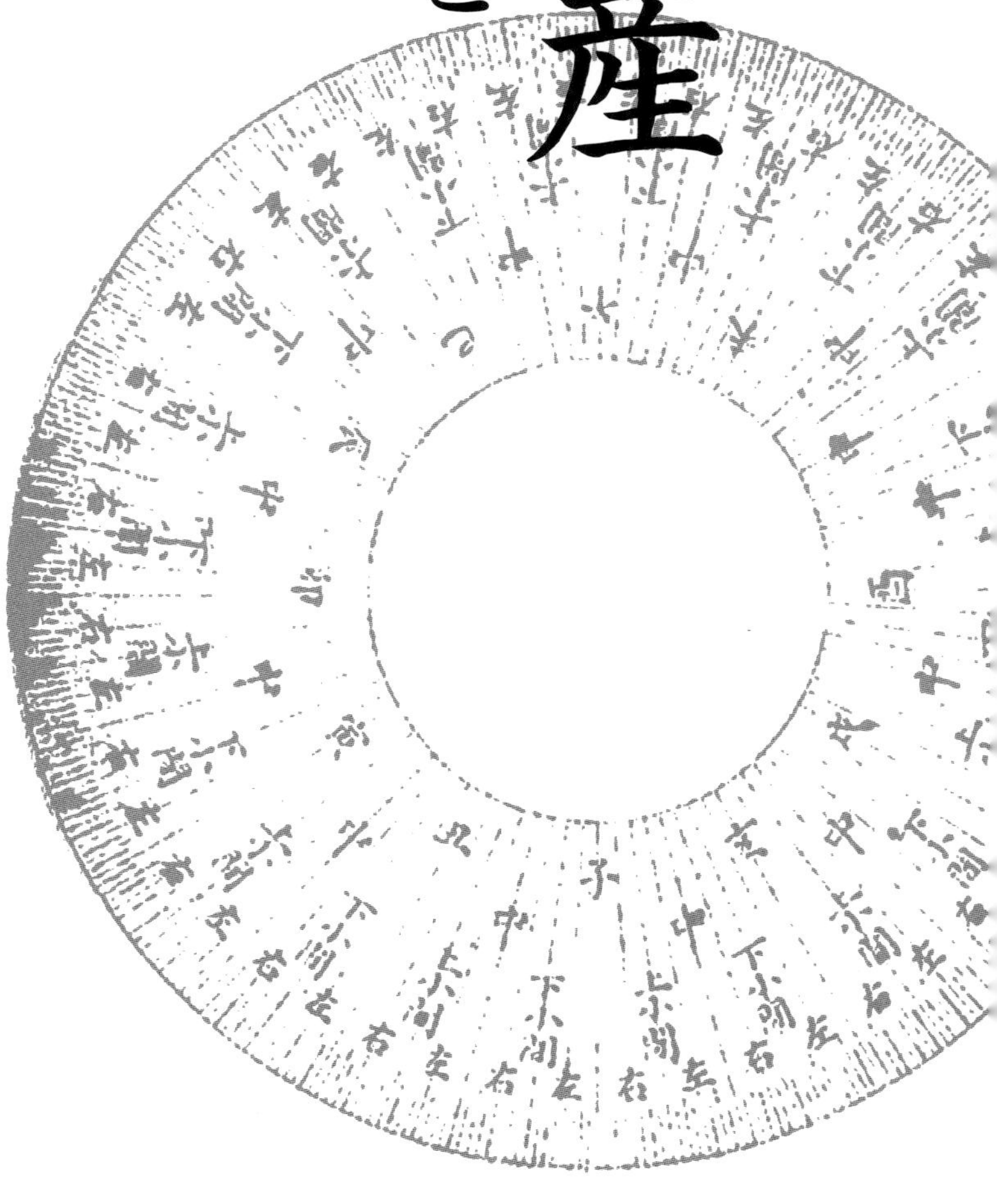

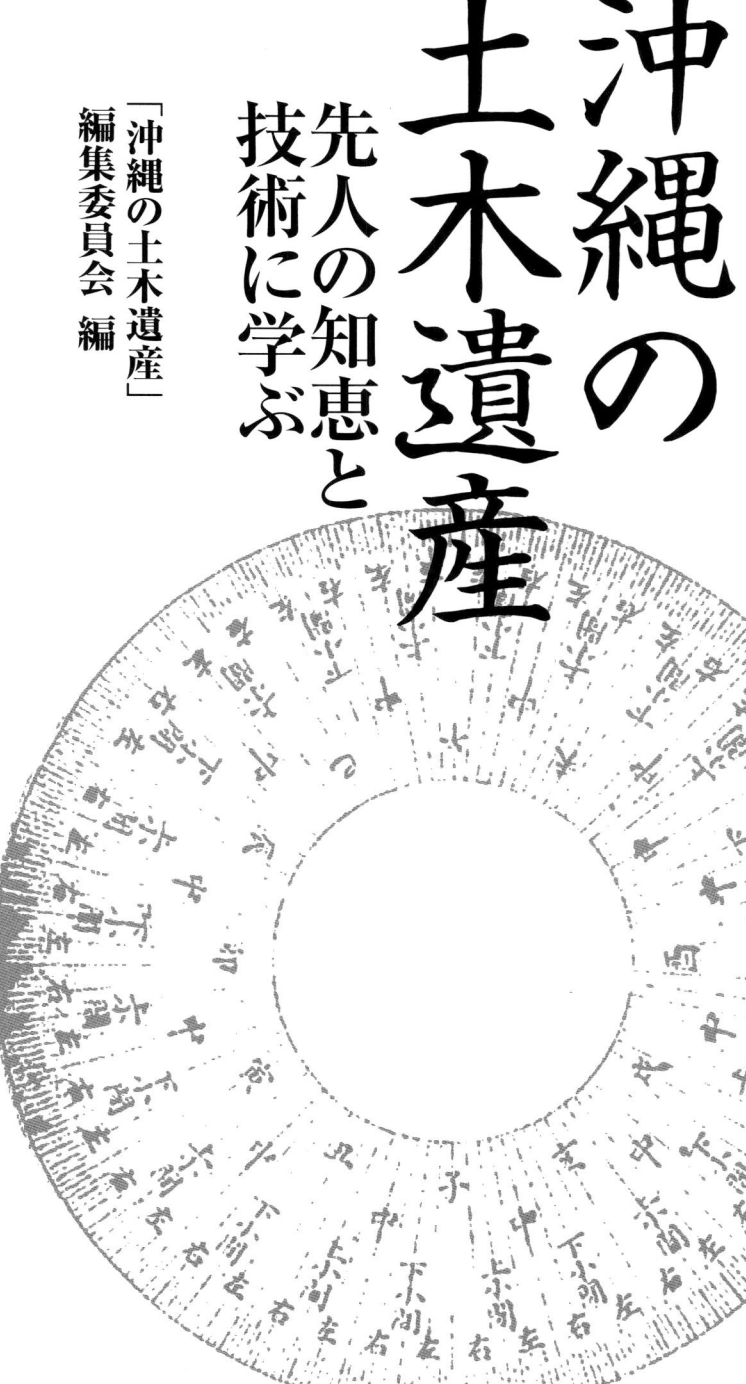

CONTENTS

沖縄の土木遺産　参照地図

那覇市拡大図

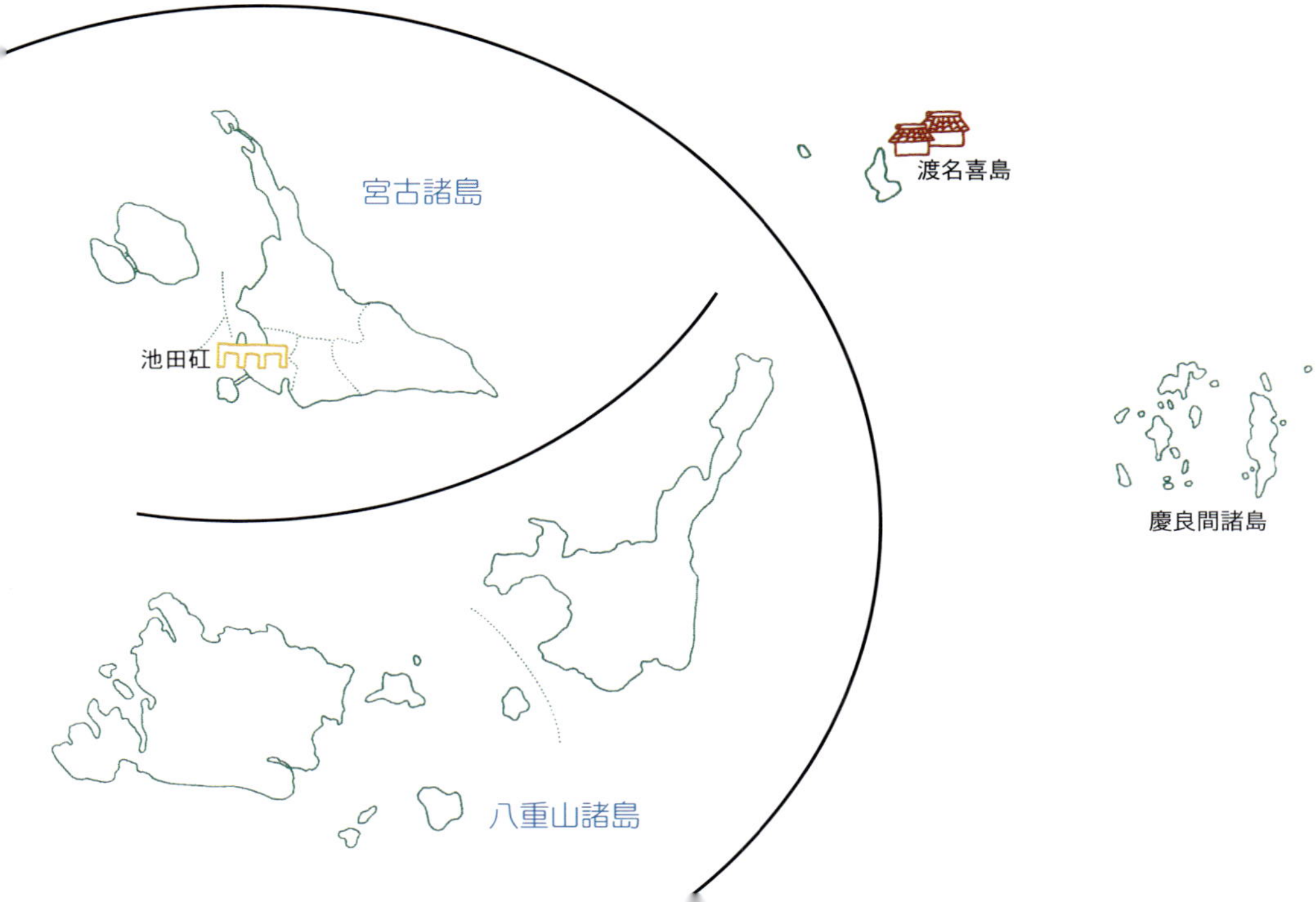

総論　土木事業とその歴史的背景
～豊かな歴史像のために～

高良 倉吉
Kurayoshi Takara
琉球大学法文学部 教授

■はじめに

土木事業の持つ社会的重要性は、これまでの沖縄歴史においてかならずしも注目されてこなかった。文献資料の少ないせいもあるが、最大の理由は歴史の見方、考え方が土木史に届くほど深くはなかったためである。

しかし、悲観する必要はない。一歩一歩、土木史の観点から沖縄の歴史を見つめ直し、その蓄積を通じて歴史全体を豊かにしていく努力を継続すればよい。この思いを込めて、本書では沖縄土木史のトピックスをいくつか取り上げ、読者とともに歴史の意義を考えてみたい。

■大交易時代とは

冒頭にあたる本論では、土木事業とその歴史的背景の問題について概括的に説明しておきたいと思う。

周知のように、14世紀末から16世紀中期までの琉球王国は、中国（明国）をはじめ日本・朝鮮・東南アジア諸国（現在のベトナム・タイ・マレーシア・インドネシア・フィリピンなど）と活発な外交・貿易を推進する海洋王国であった。その時代イメージを明快にするために、私は「大交易時代」というネーミングを提示し、沖縄の歴史・文化をアジア的な視野で認識することの必要性を訴え続けてきた。

　だが、歴史像は勝手に一人歩きを始める。大交易時代の気概を記した「万国津梁の鐘」※1（1458年鋳造）の銘文の一節、「わが琉球は船を操り、万国津梁（世界の架け橋）の役割を果している」がすっかり有名になり、沖縄県知事の応接室に飾られ、記者会見の際のお馴染みの風景となっている。沖縄サミットの主会議場も「万国津梁館」と命名された。

　大田昌秀知事時代には「国際都市形成構想」が叫ばれ、あの大交易時代に匹敵するような将来を形成したいとフィーバーしたことも記憶に新しい。

　だが、大交易時代という言葉に込めた私の思いは、多くの人々に届いていないと感ずる。アジアに羽ばたいた輝かしい時代を自慢げに語ることに反対はしないが、その程度の意識に止まっていたのでは、大交易時代を生み出した先人たちに笑われてしまう。なぜなら、大交易時代は天から降ってきたものではなく、当時の沖縄の人々がみずから努力し築いた時代だったからだ。

　たとえば、アジアの多くの国々と外交・貿易を展開したという時、それを運営し経営する組

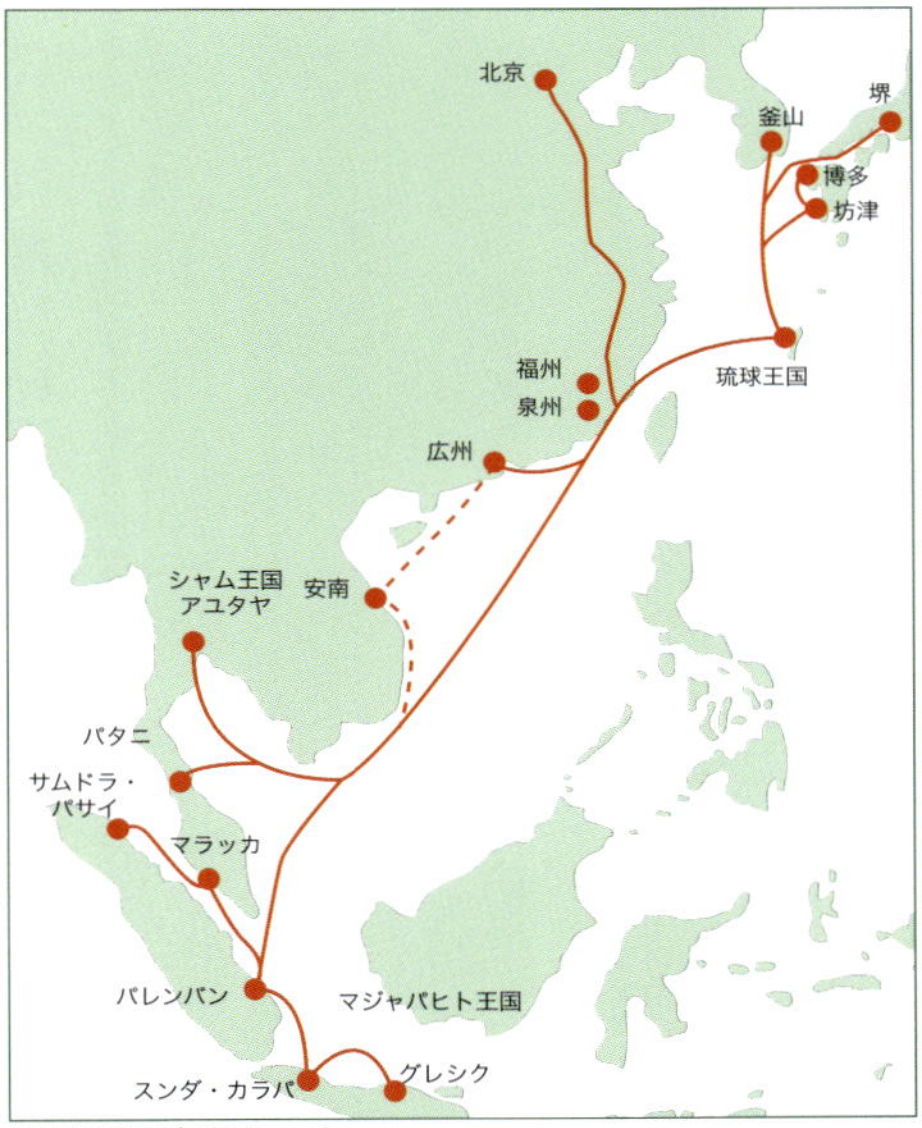

琉球王国交易ルート
（14世紀末～16世紀中葉）

那覇港絵図［部分］（所蔵：沖縄県立博物館）

織・人材が不可欠であることはいうまでもない。琉球が外交・貿易を推進できた際の国際情勢はどうなっていたのか、琉球はその情勢をどのように利用したのか、といったアジア世界の動向を見る目も必要となる。

さらには、アジアの荒海を越える交通手段の問題があり、造船技術や航海技術は不可欠とならざるをえない。船を建造・修理したり、貿易品を保管したり、台風から船を守ったりする港湾機能も欠くべからざる条件の一つである。つまり、大交易時代を運営するためには船と港が前提となる。

アジア地図を眺め大交易時代の広がりを自慢するよりも、その時代を支えた足元の那覇港の役割を認識することが必要なのだ。

■技術や土木事業に着目

那覇港には国場川や久茂地川が流れ込んでいる。そのために一定年数を経過すると土砂が堆積するので、しばしば浚渫工事を行う必要があった。特に貿易船を係留する船溜まり（唐船《とうせん》グムイという。現在の那覇港ターミナルビル付近）は一定の水深を確保する必要があった。

残念ながら、水中作業を伴うこの浚渫工事の技術実態を伝える史料は残っていない。だが、具体的な実態は不明だとしても、アジアに羽ばたいた時代を支えた船や港に注目し、さらには港湾機能を維持するために幾度となく着工された浚渫工事の存在にまで視野を広げなければ、私たちの歴史像はうすっぺらなレベルに止まるのみである。

技術や土木事業に着目することは、歴史を豊かにとらえたいという私たちの緊張感と深く結びついているのである。

もう一つの事例を取り上げてみたい。

１６０９（尚寧21）年春、琉球は薩摩軍三千の圧倒的な軍事力の前に敗れた。それ以後は薩摩藩を管理者として日本の徳川幕府体制に従属するとともに、それ以前から続いてきた中国との関係をも維持するという複雑な存在となった。

薩摩支配という新たな現実は、琉球にとって大きなダメージとなった。与論島以北の奄美地域を薩摩に割譲したために、琉球王国の版図は小さくなった。毎年、多額の税を薩摩に納める義務も生ずるなど琉球側の経済負担も大きくなった。

そうした苦難の時代を打開するためには、新たな産業を振興する必要があった。その切り札の一つとして登場したのが糖業である。

糖業の発展

儀間真常※2（１５５７〜１６４４）は、琉球船が頻繁に通った中国福建省における産業の変化に注目した。二つのローラーを回転させ、それを使ってサトウキビを搾る新技術の展開に着目したのである。この新しい機械の登場によってキビの圧搾工程は革命的に効率化され、原料の供給を増やすためにキビ畑の開発が進んだ。

糖業史に詳しいクリスチャン・ダニエルス氏の研究によると、ローラー型機械はもともとインドで考案されたもので、16世紀後半に福建に導入され独自の改良が加えられた。つまり、福建で使用され始めて半世紀も経たないうちに、儀間はその新技術に注目したことになる。

儀間はスタッフを福建に派遣して、ローラー型の新機械の製作法や利用法を研修させた。その者が帰国し、新しい技術による製糖法に成功したのが１６２３（尚豊３）年である。沖縄糖業史のスタートを飾る有名なできごとであった。

　それから半世紀も経つと、沖縄各地でキビ畑の開発が進み、ローラー型圧搾器を利用した製糖が盛んになりはじめた。首里城に本部を置く行政府（首里王府）は糖業を戦略産業と位置づ

新しい技術による製糖法を導入した儀間真常の墓（麻氏一門の神御墓）

けていたので、その管理のもとに糖業は急速な展開をみせ、しだいに「基幹産業」としての発展を遂げていった。

　だが、糖業の発展はプラス面のみではなくマイナス面も派生させた。キビ畑開発のために林野面積は減少し、ローラー型圧搾器を製作する

製糖工場（サーターヤー）『ペリー提督遠征記』より

ために松などの大木も伐られた。圧搾した汁を炊くために大量の薪が消費され、製造した砂糖（黒砂糖）を入れるための樽（砂糖樽）を作るために樹木が伐採されたからである。

つまり、糖業の発展は林野・山林の資源的な枯渇という事態を招いたのである。これに対処するための方策として、林野・山林資源の管理・育成を目的とする「杣山《そまやま》※3政策」が推進されたのである。

近世の産業振興策

近世はまた糖業だけでなく、総合的な産業振興策が推進された時代でもあった。琉球経済の規模を拡大し、生産性を高めるのがその主な目的であった。

例えば、耕地面積の拡大を目指すために土地利用が見直された。既存集落を海辺の砂地地帯（つまり、耕地として利用不可能な場所）に移転し、その跡地を耕地として利用した。墓地についても同様であり、墓を耕地に適さない地点に移動させその跡を耕地として活用した。従来は利用されなかった海岸低地を開発し、そこに水田や畑地を確保した。

そのような開発状況は、同時に新たな技術的課題を派生させることになった。砂地に移動した集落の住民が利用する生活用水を、従来の湧き水（カーあるいはヒージャー）に代えて提供する必要があった。砂地を掘り、水脈を見つけ出して井戸を確保したのである。墓を移動させるための理屈（風水※4など）を用意しなければならず、低地開発にあたっては治水技術が求められた。1735（尚敬23）年に行われた近世最大の治水事業、羽地大川改修はその好例である。

海岸線に沿ってグリーンベルトを植栽し、潮害・塩害から耕地を守るために防潮林（沖縄の言葉では抱護という）を計画的に確保する必要もあった。

琉球内部で推進されたこうした産業振興策に連動して、拠点機能を発揮する首里・那覇と各地を結ぶための交通・通信ネットワークの整備

防潮林（本部町備瀬集落）

が求められた。宿道※5（基幹道路）が整備され、それに沿って耐久性の高い石造の橋が相次いで築造されたのはそのためである。17世紀後半から18世紀中期にかけて、各地で石橋への架け換え工事が盛んに行われている。

■これからの歴史認識

つまり、技術史や土木史は単独で存在するのではなく、その時代や社会の人々の生き方と深い関わりを持つ総合的な営みの一環なのである。だからこそ、その営みを生活の現場で具体的な「かたち」として表現する技術や土木の問題は重要なのである。

その動きに目線が届いたとき、私たちの歴史認識はダイナミックなものとなる。そのような見方、考え方にもとづいて沖縄歴史をていねいに見つめ直す作業が、いま沖縄の私たちに求められているのだと言いたい。

用語解説

※1　万国津梁の鐘（ばんこくしんりょうのかね）

第一尚氏王統の尚泰久王が1458年に鋳造した。首里城正殿にかけられたといわれる。仏教の加護で王国が安泰することを願って造られた。鐘に刻まれた銘文は、海外交易が盛んになることや往時の琉球人の進取の気性を謳っている。

※2　儀間真常（ぎましんじょう）

1557（尚元2、嘉靖36、弘治3）、父真命・母荘氏真鍋の三子として生を受ける。家人を福州まで派遣して製糖法を学ばせた。彼が導入した製糖の技術は琉球の近世を支える産業の基盤となった。

※3　杣山（そまやま）

首里王府が指定した山林のことを杣山という。杣山の管理や育成は、王府が指導した。しかし、直接には地方（間切・島・村）が管理した。王府には、総山奉行を筆頭に杣山の官吏組織が置かれた。地方にも担当役人がいた。

※4　風水（フンシー）

中国から導入された地理・環境評価法で、沖縄では17世紀から流行した。村落・住宅・墓などの立地や方位を判断するもので、その専門家は地理師・風水師・風水見（方言フンシーミー）と呼ばれた。王国時代は久米村人の専売特許であった。

※5　宿道（しゅくみち）

近世期、首里を起点に各地を結ぶ交通・通信ネットワークを確保する目的で整備された道路網。地方行政の役所（番所）を結び、文書連絡の業務（宿次という）もこのルートを通じて行われた。首里から名護までは1泊2日の旅程。

参考文献

田名真之ほか編
『時代を拓く・儀間真常』
1994年　記念事業実行委員会

高良倉吉
『アジアのなかの琉球王国』
1988年　吉川弘文館

山本弘文
『南島経済史の研究』
1999年　法政大学出版局

那覇港の成立とその機能維持

外間 政明
Masaaki Hokama
那覇市市民文化部歴史資料室 学芸員

■ はじめに

沖縄の万葉集ともいわれ、13～17世紀にかけて詠われた歌を集めた「おもろさうし」に次の歌がある。

しより　おわる　てだこが
うきしまは　げらへて
たう　なばん　よりやう　なはどまり

歌の大意は、首里に居る国王が「浮島※1」（那覇）を整備したので、那覇港は中国や南蛮からの船で賑わいを見せている、というものである。

まさしく歌のとおり、15世紀の琉球王国は中国を始め、東南アジア、朝鮮、日本などと交易し、浮島と呼ばれた那覇は各国の船で賑わう港町であった。16世紀後半以降、東南アジア交易の衰退、薩摩藩の琉球侵攻により、王国の交易は中国のみに限定された。しかしその後も那覇港は、中国からの冊封使者を乗せた「御冠船※2」や中国への「進貢船」等の発着場として整備さ

琉球貿易港図屏風（所蔵：滋賀大学経済学部附属史料館）屏風の左側が那覇港、右端の船の係留地が泊港、中央下に描かれる三重城に続く石橋が突堤となっている。

れ、現在に至るまで琉球王国・沖縄県の海の玄関口として機能している。

さて、土木・建設技術の視点から那覇港を見るとき、築港・造船等がどのように行われたか気になるところであるが、ここでは那覇港の成立、その機能維持について考えてみたい。

■那覇港の成立

前述したように、那覇は浮島と呼ばれ、1451（尚金福2）年に崇元寺からイベガマ（現松山交差点付近）に「長虹堤[※3]」（海中道路）が架けられるまで、泊、牧志、泉崎の対岸に浮かぶ島であった。このため12〜14世紀にかけては、当時琉球の中心地であった浦添や首里から水路・陸路とも交通の便がよかった牧港や泊が主要な港であった。特に泊（泊港）には、宮古・八重山・奄美大島など諸島からの船が出入りし、これらの島の事務を取り扱う「泊御殿[※4]」や貢物を収納する「大島倉[※5]」が置かれていた。しかし、次第に那覇が整備されるにともない、港としての主要な地位は那覇へ移っていった。

それではどのようにして、那覇が琉球王国の玄関口として位置付けられていったのであろうか。

結論的に言うと、

①那覇は三山（琉球）を統一した中山政権のお膝元であったこと

②大型の船が安全に入港できる港であったこと

③交易を支える航海指南役、通事（通訳）など職能集団が存在したこと

などが考えられる。

①については、那覇が泊・牧港同様、浦添・首里に近接していることである。

1700年ごろの海岸線

築港以前の那覇港。明治30年代

②については、大型船就航の際に重要となる港湾内の安全性の問題である。周知のとおり、沖縄は珊瑚礁に囲まれているため、現在でも船の座礁がしばしば起こっている。当時の港の安全性については具体的な史料は見当たらないが、安里川は崇元寺から下流にかけ河口が広がって外洋に面しており、安里川の河口に位置する泊港周辺は、上流から流れ出る土砂が沈澱しやすい状況だったと思われる。このことは、後の潟原（干潟、現前島1～3丁目）の形成につながっている。一方、那覇港は、那覇川の河口（いわゆる漫湖）が豊見城グスク下から那覇・垣花まで広がり、船を格護するのに適した場所だったと思われる。

さらに③については、これが最大の要因と思われるが、閩人三十六姓《びんじんさんじゅうろくせい》※6といわれる福建省出身の帰化中国人が存在したことである。彼らは琉球、特に那覇に定住するようになり、久米村（いわゆるチャイナタウン）を形成し、琉球から中国への進貢貿易に従事した。主に航海指南、通事、外交文書の作成など重要な役割を担い、琉球の交易を支えてきた。

これらの要因が結びつき、15～16世紀にかけ那覇港が交易港として位置付けられたのである。さらには、交易品を納める御物城《オモノグスク》、冊封使を迎える迎恩亭・天使館、スラ場（造船所）、唐船《トウセン》小堀《グムイ》（進貢船等の修理・停泊所）などを整え、港の防御としても屋良座森城《ヤラザムイグスク》・三重城《ミーグスク》を築くなどして、那覇港は王国の表玄関として整備されていった。

■那覇港の機能維持

那覇港が現在のように大型船が接岸できるようになったのは、廃藩置県後の1907（明治40）年から1915（大正4）年にかけての那覇港修築工事によるものである。この工事は今でいう国庫事業で浚渫工事・護岸工事等を行い、干潮時の最大水深約7メートル、1500トン級内外の船が接岸できる港として整備され、現在の那覇港に近いものとなった（『那覇築港誌《ちくこうし》』大正5年）。しかし、それ以前、王国の表玄関であった那覇港では、御冠船や進貢船等の大型船は暗礁等を避け接岸せず、三重城・屋良座森城に囲まれた港内に停泊、人・荷物の運搬・積卸は、はしけ船に頼らざるを得なかった。

さらに、川の上流から港に流れ込む土砂の堆積は船の乗り入れに大きな影響を及ぼすため、近世期（廃藩置県以前）、特に冊封使来琉の前には、幾度となく浚渫工事が行われた。とりわけ1717（尚敬5）年に行われた浚渫工事は、工期1年4ヶ月、従事者約7万人にも達する大工事で、竣工後に記念碑「新濬那覇江碑文※7」が建てられた。

この碑文により当時の工事内容を知ることができる。それによると、人々が那覇港の上流（国場川・饒波川）で木々の伐採・開墾を行い田地を開いたため、川筋も変わり、土砂が那覇港に流入している、と述べている。この状況を受け、中国からの冊封（1719年冊封使来琉）を控えた国王尚敬は、家臣に那覇港浚渫を命じた。

工事は大きく3つに分けて行われた。まず那

築港工事完了後の出港風景

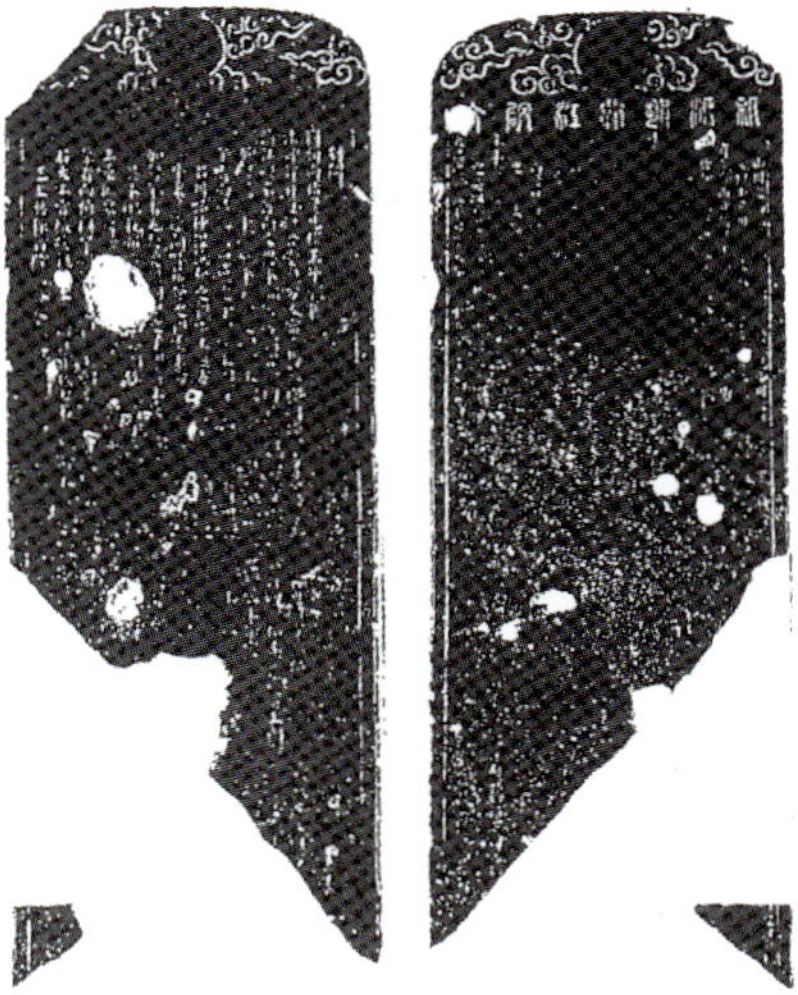
新濬那覇江碑文
「那覇市世界遺産周辺整備事業・石碑復元調査報告書」より

覇港上流の田地を廃し、川底の泥土を浚い、川筋を元に戻した。次に渡地《ワタンジ》（現通堂《とんどう》町付近）から三重城との間に5つの橋（「上り口説」で有名な中之橋など）を架け突堤を築き「西の海」（現西2〜3丁目付近、明治20〜30年代にかけ埋立）と港内の潮の流れをはかった。さらに、久茂地川に架かる泉崎橋などを改修し、上流からの水の流れをよくした、とある。特に橋（石橋）の築造は泥土堆積を防ぐのに効果があったようで、前述の『那覇築港誌』には、明治40年の工事着工以前の那覇港の様子を「（前略）突堤（渡地から三重城に至る浮道…筆者注）を築き、水路を狭め、水準を高め、流力を大ならしめ、潮流の作用に依り、上流より下る土砂を港外に流出せしめ、以て其湾内に沈殿するを防ぎ（後略）」と述べている。

以上のことから、当時は、那覇港内をある程度一定の水深を保つため、上流において土砂流出を未然に防ぐのはもちろんのこと、潮や川の流れに手を加え（橋の築造など）、自然の力を最大限に生かして土砂の堆積を防ぎ、船の航行に不便をきたさないようにしたのである。

そのほかにも、那覇港の浚渫については『球陽』や「家譜」といった史料に散見されるが、具体的な内容は記されておらず、どのような工事が行われたかは判明しない。しかし1717（尚敬5）年の工事以降は、上流や橋付近の泥土浚い、橋の修築といった工事が繰り返し行われ、那覇港の機能維持に努めたと思われる。

現在の那覇港。写真中央に突き出た先端が御物城跡。

おわりに

那覇港周辺は、１９４４（昭和19）年の10・10空襲で壊滅的な被害を受け、戦後は米軍の手による港湾整備・軍事基地化、また都市開発により、大きく変化した。さらに埋立、護岸整備のほか、最近では沈埋トンネルの建設など、当時では思いもよらない事業が進められている。現在、往時の那覇港を思い浮かべるのは不可能であり、また三重城・屋良座森城に延びる突堤などの建築技術を確認することができないのも残念である。そのような中、わずかに往時の那覇港の名残をとどめる三重城・御物城が港内に鎮座し、変遷を遂げる那覇港を静かに見守っているかのようである。

用語解説

※1　浮島（うきしま）

オモロなど琉球文学において用いられる那覇の修辞的表現。かつて、現在の那覇市東町、西・久米・辻1〜2丁目、若狭・松山1丁目付近は、泊・泉崎の対岸に浮かぶ島であったが、１４５１年長虹堤が築かれ、初めて陸地と結ばれた。

※2　御冠船（ウクワンシン）

中国皇帝が琉球の国王を承認するのを冊封といい、この儀式のため中国から派遣される使者を冊封使という。冊封使は国王に与える冠（皮弁冠）、中国服（皮弁服）等を携え来琉するため、冊封使が乗り込む船を、琉球では御冠船と呼んだ。

※3　長虹堤（ちょうこうてい）

１４５１年、時の国相懐機が、浮島を結ぶため崇元寺からイベガマ（現松山交差点付近）にかけて築いた、いわゆる海中道路のこと。１６３３年来琉の冊封使杜三策の従客胡靖が「遠望すれば長虹のごとし」と詠んだことから、その名が付けられた。

※4　泊御殿（トゥマイウドゥン）

創建年は未詳。現在の泊高校付近に置かれたといわれ、奄美大島など奄美諸島および国頭地方、久米島、慶良間諸島などが、貢物を納める際の窓口となり、その事務にあたった。１６０９年の薩摩藩侵攻以降廃止された。

※5　大島倉（おおしまぐら）

泊御殿に付随する施設で、諸島からの貢物を納めた倉庫のこと。泊御殿に隣接して置かれたといわれている。泊港には大島倉があり、那覇港においては御物城がそれに対応している。

※6　閩人三十六姓（びんじんさんじゅうろくせい）

中国の閩地方（福建省）出身の帰化中国人の総称。14世紀後半、琉球が中国から交易従事者として三十六姓を賜ったとされるが、実際は商売やその他の理由で移住した者が唐人集団を形成したため、彼らを三十六姓と呼んだと思われる。

※7　新濬那覇江碑文（しんしゅんなはこうひぶん）

１７１７年に行われた那覇江浚渫工事の竣工を受けて建立された碑文。大きさは１６６×６０センチメートル。撰文は蔡温で、表面に工事概要、裏面に工事関係者、工事人数・費用等が記されている。現

参考文献

『琉球国由来記』、『中山世譜』、『球陽』
『那覇築港誌』１９１６年　沖縄県
「南島風土記」（『東恩納寛惇全集7』）１９８０年　第一書房
沖縄県文化財調査報告書第69集『金石文』１９８５年　沖縄県教育委員会

国頭方西街道と比屋根坂石畳道

福島　清
Kiyoshi Fukushima
㈱国建 地域計画部長・執行役員

■歴史の道「宿道《しゅくみち》」

琉球王国では古くから間切・シマ制度を用いて地域の支配をおこなってきた。村落（シマ）を幾つかまとめたものが間切であり、間切は沖縄独自の行政区画単位だとされている。その間切ごとに設置された役所が間切番所であり、そこに地方役人を配して地域の行政等をおこなってきた。この間切番所ごとを結ぶ街道を「宿道」と呼び、首里城から各方面に放射状に伸びていた。王府からの緊急文書などをリレー方式で各間切に伝える「宿次《しゅくつぎ》」制度では、この街道を使って早馬で伝達されたとのことである。

本島内の宿道は中頭・国頭方面には西海岸沿いに「中頭・国頭方西街道」、東海岸沿いには「中頭・国頭方東街道」があり、同様に島尻方面には「島尻方西街道」「島尻方東街道」等があった。その他にも王府の重要な街道として、首里城から長虹堤を通って那覇に至る道、那覇港南岸に通じる通称「真珠道」、ヒジガービラを通って識名園に至る道、普天満宮参詣道、弁ヶ嶽参詣道、末吉宮参詣道等があった。また本島以外の島々には、那覇港から離島へと繋がる海上の道が形成されていた。王国経営のための道は、また人々の生活のための道路として通行や運搬で賑わっていたり、そこではさまざまなドラマがあったものと想像される。戦前の古写真で見るかつての沖縄の街道は、その風格ある姿が偲ばれ、歴史に刻まれた石畳や松並木が美しい。

　現在ではかつての街道の面影はほとんど消滅してしまったが、わずかながらにその痕跡が点在している。それは各地域に残っている石畳道であったり、石

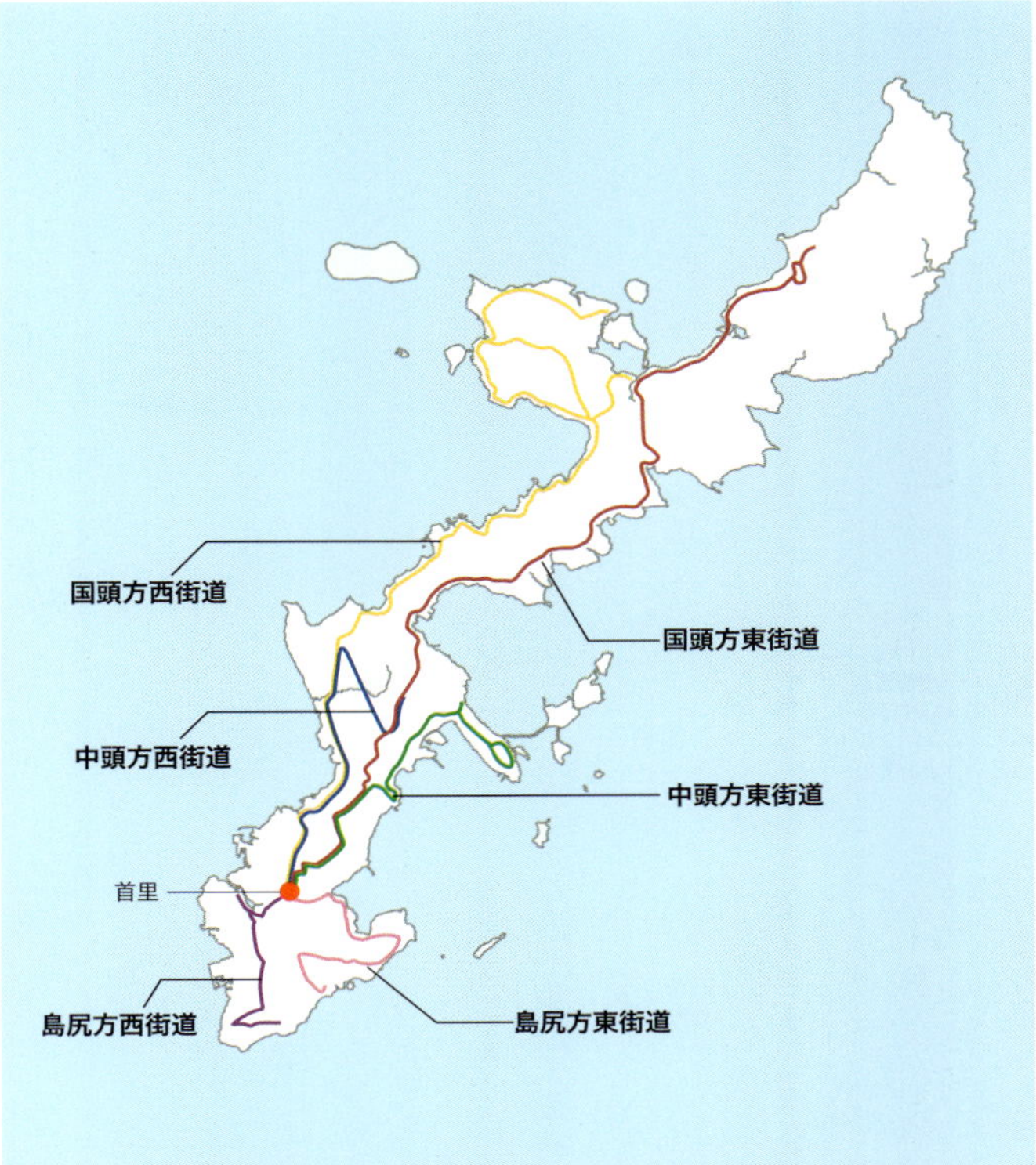

宿道　道筋は『沖縄県歴史の道調査報告書』（沖縄県教育委員会文化課）などを参考に作成した。

橋であったり、松並木等という形をとっている。ここでは、わずかに往時が偲ばれるこうした歴史街道のうち、中頭・国頭方西街道についてふれてみたい。

国頭方西街道（恩納村仲泊付近）のルート。国道58号と比較するのもおもしろい。

■中頭・国頭方西街道

宿道の一つである中頭・国頭方西街道は、首里城の久慶門を起点に浦添、北谷、読谷、恩納、名護、本部、今帰仁、羽地、大宜味、国頭へと伸びている街道である。この街道で現在も残るかつての主な遺跡としては、「龍淵橋[※1]」（那覇市）、「経塚の碑[※2]」、「安波茶橋」（以上浦添市）、「新造佐阿天橋碑[※3]」（宜野湾市）、「比謝橋碑文」（読谷村）、「真栄田の一里塚」、「山田グスク付近の石積」、「山田谷川の石矼[※4]」、「比屋根坂」、「仲泊の一里塚」（以上恩納村）、「仲原馬場」（今帰仁村）などがある。しかも、この街道や近くの集落の周辺には御嶽やグスク、カー（樋川）、古墓などが残されている。街道はこれらの文化資源と重ね合わせることによって、漠然としている道がおぼろげながら線として浮かび上がってくる。

遺跡が比較的多く残されている恩納村では、

これらの歴史資源を活かして、「歴史国道」国頭方西街道（仲泊地区）としての国道整備に県・村が連携して一体的な整備が進められており、かつての街道を偲ぶことができる。特に比屋根坂は石畳が良く残っており、峠からの眺望が素晴らしいところである。

仲泊の一里塚

宿道のルート上にある山田谷川の石矼

■比屋根坂

比屋根坂への入口はルネッサンスリゾートオキナワの反対側にあり、国道58号の歩道から山

所々に残る古い石畳

の斜面に向かう階段を上る。車で行く場合は恩納村博物館、又は仲原遺跡周辺に駐車し、徒歩で入口にアプローチすれば帰りが楽である。国道58号を南下してルネッサンスリゾートホテル前バス停から100メートルほど行くと、真新しく整備された階段が入口である。この階段を上りきると、手摺りのある石畳道に出る。左手の斜面上からアダンが道に覆い被さるように生えており、道の表面は雑草で覆われているが所々に石畳が見える。手摺りが無くなってしばらくすると、右側の急斜面に積んだ石積の立ち上がりが残っている。ここから道は左側にカーブし、さらに蛇行しながら登って行く。ほどなく平坦地になり石畳は石同士の間隔を開けながら整然と並んでいる。摩耗も少なく材質も新しいので、おそらく近年実施された環境整備事業で設置された石畳であろう。古材は摩擦によって表面が滑らかになっており、風化が進み色も黒ずんでいるものが多いので識別することができる。また、この先には石積の階段があるが、これも新たに整備された階段であろう。かつて

仲泊遺跡

の街道は急な坂の部分だけに石畳を設けており、平坦な部分に石畳を設けている例は少ないようだ。また、階段は現在見る一般的な形状ではなく、傾斜のある石畳道の所々に段差を設ける形式が多い。こうした例は金城町石畳や首里城などで見られるが、今後は他の宿道などの詳細な形状の研究が待たれる。

道が徐々に明るさを増し緩やかに下りはじめると石畳が無くなり、程なく「イユミバンタ」と呼ばれる峠の広場に出る。ここはかつて魚群を発見する場所であったといわれているだけあって、海岸一帯への眺望に優れている。現在、広場には赤瓦屋根の休憩所が設置されていて、観光客などにも人気のスポットのようである。

イユミバンタを過ぎると道は右側に曲がり、下りの急傾斜のきれいな石畳道が続く。下りの終わり付近右手には、国指定の史跡である仲泊遺跡の岩陰住居跡があり、これを過ぎると比屋根坂が終わる。登りの西側に向いた石畳道の長さが約76・5メートル、下りの東に向いた石畳道が約98メートルあるといわれている。但し、その全てが旧態のまま残っているというのではなく、その一部が残っているという状況である。全行程はおよそ20分ぐらいではあるが、往時の宿道の雰囲気が良く伝わる場所である。

■おわりに

沖縄の遺跡群が２０００年12月に世界遺産に登録されたことにより、独特なグスクや御嶽等が脚光を浴びるようになってきた。また、これらの遺跡群と復元された首里城を重ね合わすことによって、琉球王国というものの具体像が少しずつ見えてくるようになってきた。今後はさらに、各間切を結んでいた街道が周辺の遺跡とともに見えてくるようになれば、沖縄の歴史像がより立体的になってくるのではないかと期待している。

街道を構成する要素には石畳、石橋、松並木、一里塚、番所跡、馬場跡、広場、歌碑等があり、こうした歴史資源に光を当てながら磨きをかけ、点として存在していた文化資源を街道という概念で繋げられたら楽しいのではないだろうか。こうした地域に刻まれた先人たちの痕跡を活かしながら、もの造りを考えてゆくことが、これから求められてくることだと思う。

恩納馬場の松並木（恩納村）

用語解説

※1　龍淵橋（りゅうえんきょう）

円鑑池と龍潭を結ぶ水路の上に設けられた石橋。元々は持送石の上には石高欄が取り付けてあり、羽目石には獅子、龍、麒麟、牡丹などが彫刻されていたといわれている。弁財天堂が造られた1502年の創建と推定されており、沖縄戦で破壊されたが高欄の一部が県立博物館に保存されている。

※2　経塚の碑（きょうづかのひ）

この地に出没する妖怪を退治するために日秀《にっしゅう》上人が小石に経文を写して埋め、金剛嶺と書いて建てた石碑。それ以来妖怪は出ず、旅人は安心して往来できるようになった（『琉球国旧記』）。この経塚が地域の地名として残っている。現在の石碑は1927年に改修したもの。

※3　新造佐阿天橋碑（しんぞうさあてんばしひ）

1820年、普天間川（古くは佐阿天川）に新設された佐阿天橋を記念して建立された石碑。石碑は伊佐市営住宅脇にあるが、碑面は摩耗により判読できない。史料によれば、この橋の築造により宿道が山側の難路から海岸沿いの平坦なルートに改良されたといわれている。

※4　山田谷川の石矼

山田グスク北側にあるアーチ型の石橋。現在の石橋は修復されたものだが、古材を活かした復元がおこなわれている。石橋の山の手側奥は古くから水浴びをする場所であり、ここにまつわる琉歌も残されている。

参考文献
「国頭・中頭方西街道（Ⅰ）（Ⅱ）」
沖縄県教育庁文化課
「沖縄の文化財Ⅲ」沖縄県教育委員会
座間味栄議「沖縄 歴史の道を行く」

首里と那覇を結ぶ海中道路

～長虹堤《ちょうこうてい》の跡を追って～

福島 駿介
Shunsuke Fukushima
琉球大学工学部 教授
AECD（島嶼環境・文化デザイン）代表

はじめに

長虹堤という名称を聞いたことがあっても、その位置や姿を知る人は少ないだろう。葛飾北斎によって描かれた「長虹秋霽」と題する浮世絵は、その具体的なイメージを伝えてはいるが彼が実際長虹堤を見て描いたものではない。それでも那覇の歴史的風景の中に確かに存在した事実を振り返るには貴重な史料である。現在長虹堤は那覇市十貫瀬にわずかにその痕跡を留めるのみである。長虹堤の位置は現在の那覇市の地図に照らせば、安里橋（崇元寺橋）からイベガマ（松山二丁目に位置するが現存しない）に至る約1キロメートルの橋道で、その間に7座の石造アーチ橋（水門）を配したいわゆる海中道路であり、浮道とも呼ばれていた。

この橋が築造された背景には地理的条件及び当時の琉球と中国との交流関係が大きく係わっている。『球陽』には「首里と那覇のあいだには海があって隔たっており、冊封使※1が来るごとに船を集め杠《てこ》をつくって渡していた……往来が不便なため国相懐機《かいき》に命じて長虹堤を築かせた……石橋七座と安里橋に三座を設けた……」との記述からも、当時の那覇の海岸線は島の点在する松島に似た風景であったことが想像できる。

葛飾北斎の琉球八景図「長虹秋霽」

琉球王朝繁栄の基軸は中国皇帝による琉球国王の冊封関係を維持することであったから、冊封のために来琉する冊封正、副使を中心とする大人数の一行をもてなす行事は王府の一大事であった。その意味からも長虹堤は冊封使一行の船団を迎える港と首里城を結ぶ道筋として重要であった。その途中には冊封使に関連する諸施設が配置され、様々な歓迎行事を催しながら首里城へと移動したのである。そのため地理的関係の悪かった首里とその表玄関である那覇を結ぶ海中道路を築造することは必須の事業であった。

都市化に伴って歴史的、地理、地勢的痕跡が急速に失われてゆく中で、那覇の面積の大部分が昔海であったことは想像が難しくなっている。しかし浮島、前島、仲島、仲泊、泊高橋、奥武山、鵜森（ガーナムイ）、泉崎、十貫瀬、仲毛など当時の那覇市の小島の点在する入江風景を反映した地名が多く残っている。

バスターミナルに残る県指定文化財である仲島の大石（ウフイシ）も、昔浮島と泉崎の間の海中にあった。戦後多くの研究者により地名研究が盛んに行われているのは、那覇の歴史的空間の喪失に対する危機感と地名に継承される人文的、地理的重要性があるからだろう。原風景の消失は無法な開発の前に致し方がないと言って放置するわけにはゆかない。那覇読史地図を作製された嘉手納宗徳氏の以下の言葉にはその様な状況に対する憤懣やるかたない気持ちが良く現れている。「那覇ほど地貌が変わったのはない。大げさに言えば世界に類のない変わり様である。区画整理の美名のもとに土地は一様に削られ、掘られ、均されて、交通その他、現代社会には至極便利になったかも知れないが、嘗ての史跡、名勝の大部分が破壊され、昔のよすがとなるものを留めない変わり様である。親見世[※2]は、天使館[※3]は在番奉行所はと問われても、その跡は全くわからない。西の海も完全になくなり、漫湖の名も地図上から消えつつある」。

■那覇市の地形、地勢の変遷

大戦で多くの資料が消失、散逸したが、県外に保存されている地図、絵図資料の発掘収集が精力的に進んでいる。皮肉なことに現在如何に多くの貴重な歴史的痕跡が失われたかを振り返る資料ともなっている。それでも地名からも想像できるように那覇の風景は昔の地理、地勢を受け継いでいる。例えば久茂地川がなぜ不自然に屈折しているのかも、那覇の古地図を見ると理解できる。昔の泉崎と浮島の入江の風景が反映されているのである。都市化に伴いよくも直線化されなかったと不思議な思いである。おそらくこれと同様なことをもっと見つけることが

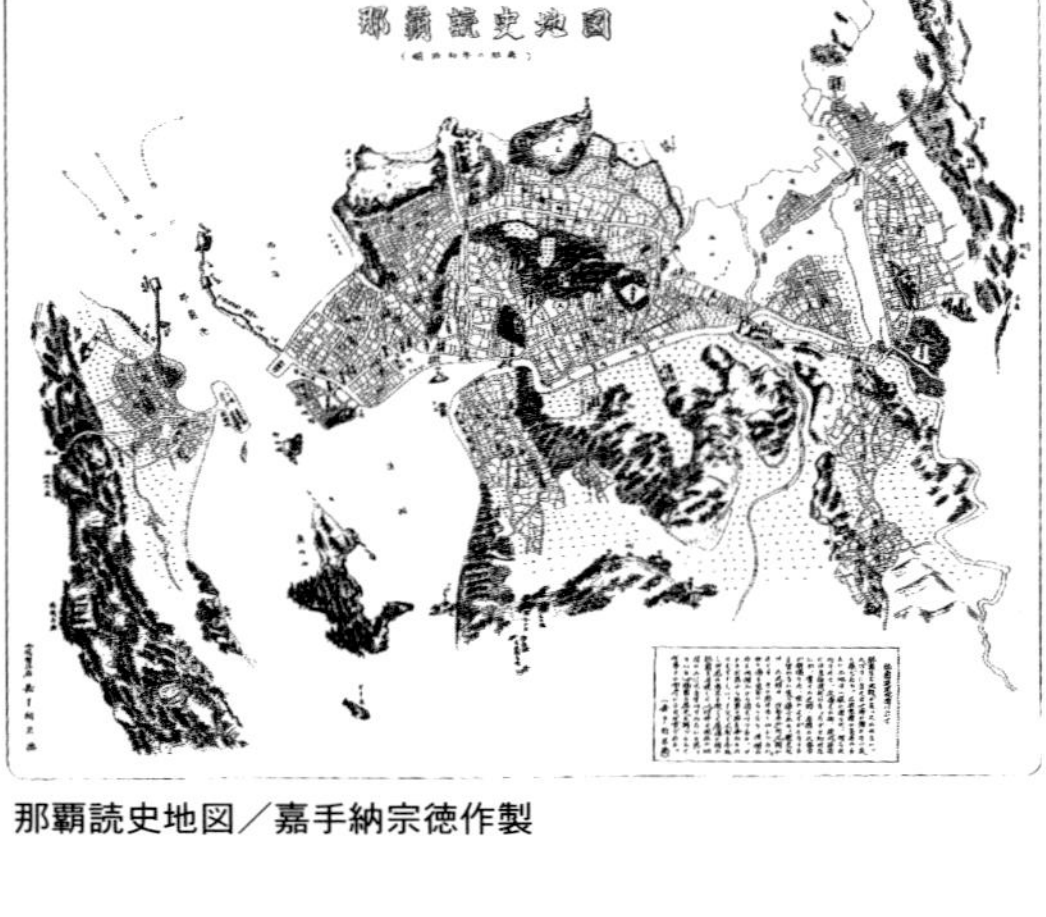

那覇読史地図／嘉手納宗徳作製

できるだろう。昔の那覇は現在の国場川と安里川の間のデルタ地形に似た浮島と呼ばれる島と奥武山や鵝森等の小島から成り立っていた。首里は首里城を中心に真和志、南風原、西原の三間切と広大であり，泊港も那覇港も真和志間切の中にあったのである。

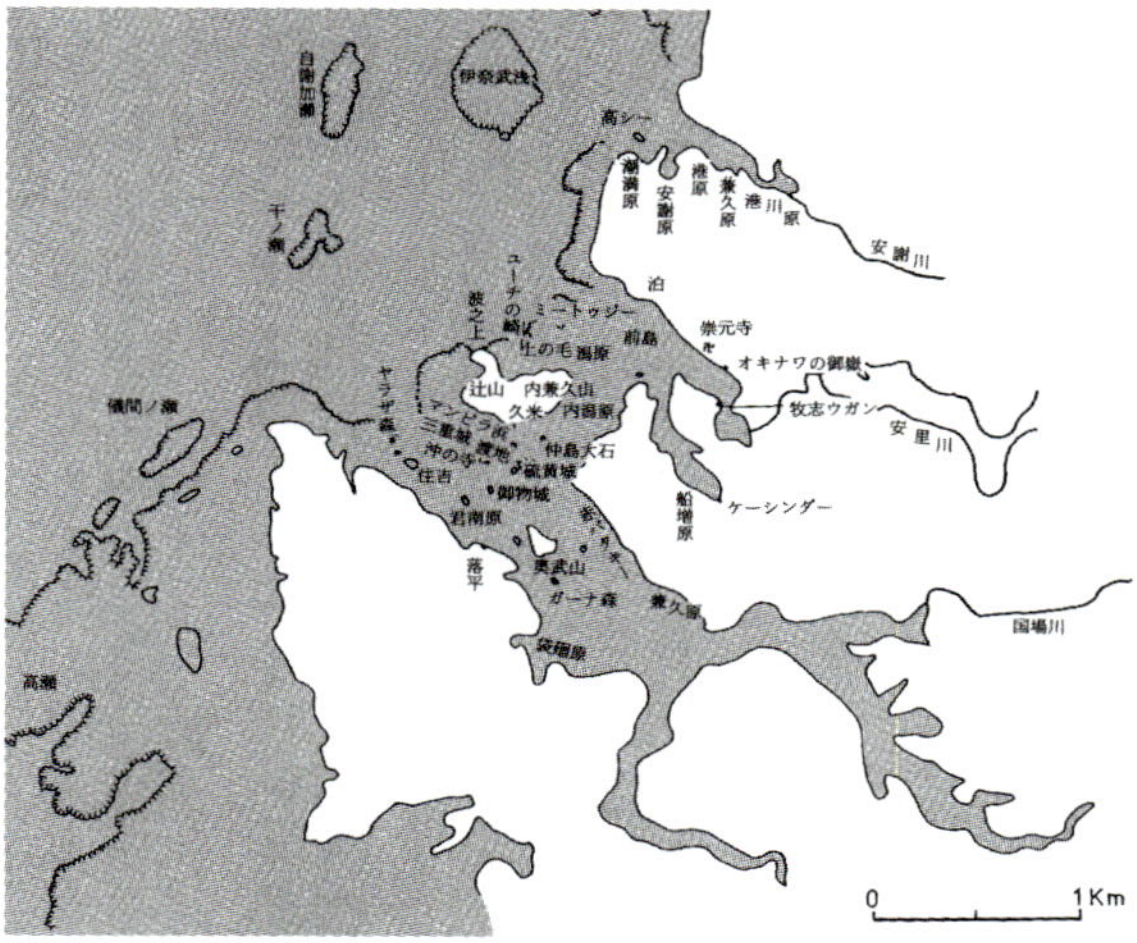

那覇の古海岸線と地名

那覇市の入江地形は長期間にわたり陸化してゆくが、その様子は複雑で興味深い。中国との交流は察度王代にはじめて中国に進貢した１３７２（察度23）年に始まり、それは尚巴志が三山[※4]を統一した１４２９（尚巴志８）年以前のことである。天使館や親見世さらに迎恩亭[※5]などの創建が１４０３（武寧８）年、御物城の築城が１４０４年との記録がありそれも長虹堤が出来るかなり以前である。小島の点在する入江に位置する浮島にあった那覇の港へ冊封使が到来し、船を連ねた仮設的な橋を渡って首里へ登ってゆく風景にはかなりの困難と不便さが想像される。琉球王朝華やかな頃、多数の船が生き生きと集まる港の絵図からはそれ以前の状況は計り知れない。長虹堤ができてから周辺の海は徐々に干潟化するなど次第に首里との地理的一体化が進むことになる。

■長虹堤の築造と特徴

那覇港は国場川の河口で、浮島の那覇と対岸の垣花に囲まれて出来ている河口港であった。第一尚氏王統の尚巴志王が三山を統一してから、港湾も整備されていく。冊封関係が始まり使節が来琉する都度、浮島と安里の間に船橋を架けて渡す不便を解消するため、尚金福王は国相の懐機（華人）に海中道路の築造を命じたのである。懐機は１４２７（尚巴志６）年に首里城に附属する美しい龍潭池（魚小堀）を中心とする作庭にも係わっている。その意匠や技術的な水準の高さからも、その24年後に完成した長虹堤の美しさを推し量ることが出来るだろう。１４５１（尚金福２）年に長虹堤が完成してから那覇港はさらに重要な港として機能するようになる。

　１４２０（尚思紹15）年頃、座喜味城にはじめて中国式石造拱（アーチ）が用いられるが、１４５１年築造の長虹堤は石造橋としてのはじめてである。沖縄の石造橋の構造や意匠の特異性や重要性は以前から指摘されている通りであり、沖縄のアーチ構造の特徴は中国の影響を受けながら材料、工法、意匠において琉球独特の発展を見たものである。その中で特に注目したいのは規模と風景との親和性ではないかと考えている。風景の中に建造物のスケールが一体化している。少なくとも長虹堤の築造は那覇の風景に大きな影響を与えたこと

昭和初期の長虹堤（提供：那覇市歴史資料室）
手前の建物は三坂鉄工所。写真左奥に潟原、夫婦岩が遠望できる。

戦前の崇元寺橋

は間違いない。想像の中で構築物が当時の入江の風景にとけ込んだ庭園的景観を見せていたことだろう。長虹堤の姿は戦前撮影された比謝橋によって多少類推することが出来る気がする。

崇元寺橋、美栄橋は長虹堤と同時に築造され、その後の何回かの改修、改築で当時の姿がどの程度受け継がれているかは定かではない。美栄橋は長虹堤の七座のアーチ橋に続いて配置された三座の橋と考えられている。共に戦前の写真にその姿を留めているが、築造当時の意匠は想像の中である。

■長虹堤の位置の特定

那覇・首里に関連する古地図、絵図は戦災で多くが失われたが、それでもかなりの貴重な資料が保存されており、近年になって発掘されたものも多い。

長虹堤の位置は各年代の地図資料との照合作業によりかなり正確に特定することができる。長虹堤の位置については各時代の地図上に精度

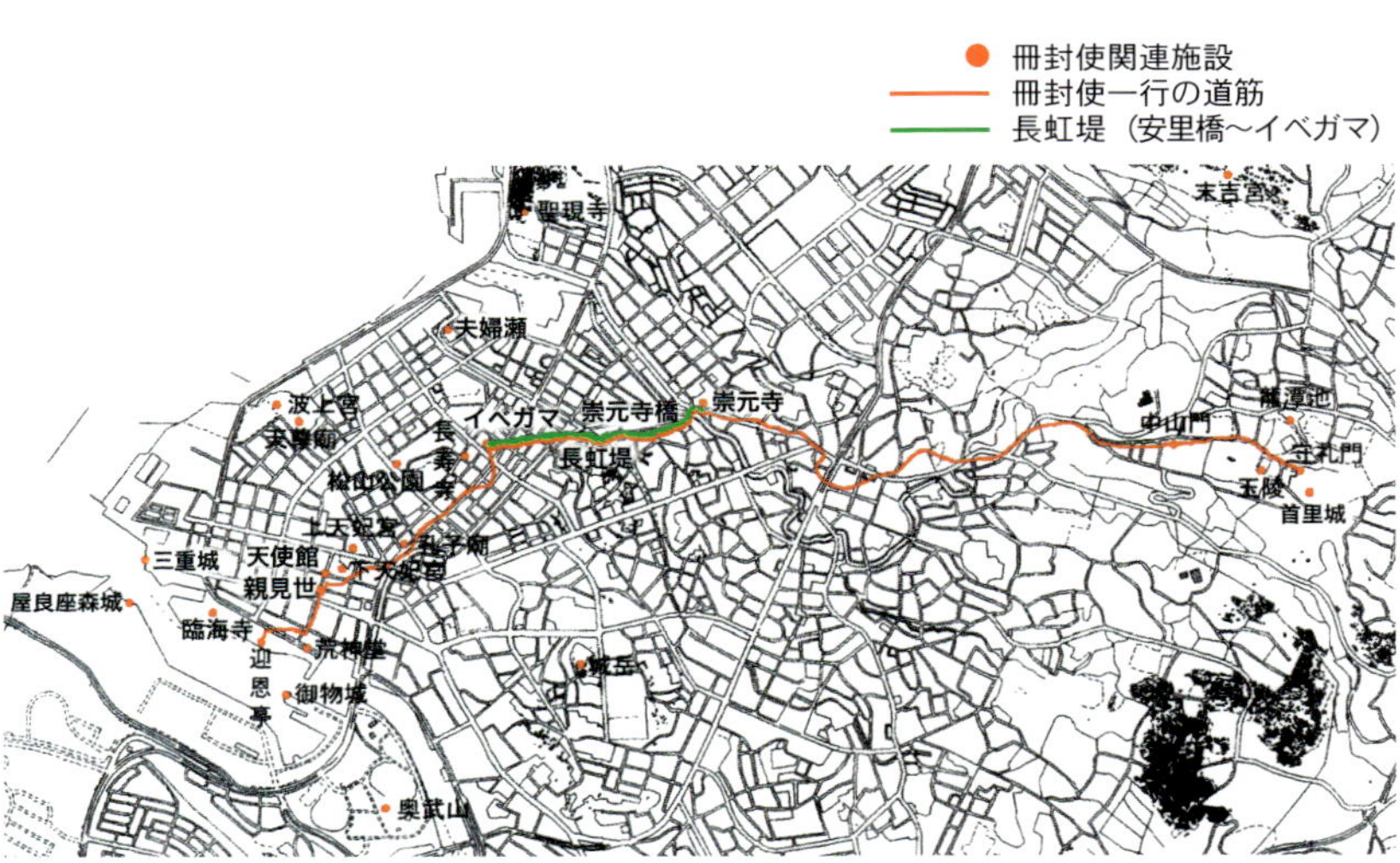

長虹堤位置特定図

の違いはあるものの記録があるため、それを修正しながら重ね合わせてゆく。近年のＣＡＤの発達は良く、その作業を支援してくれる。作業の過程について述べる余裕はないが、歴史的な変遷を画面上で体験する楽しさを味わうことができる。長虹堤の位置の特定にあたり、現在の地図上に落とすことの出来る当時の冊封使関連の施設が基準点となる。それらは迎恩亭、親見世、天使館、天妃宮《てんぴぐう》、上天妃宮、下天妃宮、久米村、イベガマ※6、長寿寺、美栄橋、十貫瀬、崇元寺橋、崇元寺（諭祭）、中山門、綾門《あやじょう》大道、守礼門、歓会門、瑞泉門、漏刻門、広福門、奉神門、首里城等々である。これらの諸施設は現在の都市空間において当然機能の変更はあるが、空間的位置を継承するものが多く、それらとの相対的関係からより正確な位置を特定することが出来るのである。

■ おわりに

那覇市は世界的に見ても極めて個性的な都市である。それは一見乱雑な風景に見える。その風景が現在整理統合され均質でフラットな都市へと変貌している。その見返りは地区間の競合であり、相互に勝者、敗者といった関係が続くことになる。勝者が何時までもその地位を保つことは難しい。これに関しての議論をここで続ける余裕はないが、那覇市がさらに沖縄全体がどのような都市風景をつくってゆくかについて哲学を持つべきである。今は痕跡を留めない長虹堤の跡を辿りながら、それが如何に沖縄の文化形成を支えてきたかは興味尽きない歴史的事象であった。現在の都市空間に何らかの歴史的痕跡を留め、継承する意義を考えたい。歴史的な積み重ねの感じられない都市は貧困である。沖縄の現在につながる多様ないわゆるチャンプルー文化の背後にある先人の創造的な知恵を単に歴史的記述のなかにのみ封じ込めてしまうことの損失を訴えたい。那覇市の空間に長虹堤の跡を連続的に表現するなどの工夫も歴史学習の意味からもぜひ実現したいものである。

用語解説

※1　冊封使（さっぽうし）

中国の明、清代に朝貢国の王を冊封するために派遣される中国の使者。琉球では中山王を封ずることであり１４０４年以降22回の冊封が行われた。

※2　親見世（おやみせ）

貿易に係わる公物取納、売払役座であったため親みせと称すると伝えられる。「琉球国図」では［国庫］としるされる。後の旧山形屋跡地である。

※3　天使館（てんしかん）

迎恩亭から約一里の場所にある。創建は不明である。迎恩亭での出迎えの後、冊封使のために設けられた宿泊施設であり、これも王一代で使用されるのは一度だけである。

※4　三山（さんざん）

沖縄本島は中山、南山、山北の三つの地域に分かれて対立していたが、第一尚氏尚巴志により１４２９年三山が統一された。

※5　迎恩亭（げいおんてい）

文献に見られるのは１５３４年が始めてである。冊封勅使を王府の高官である三司官が迎える礼法の場所で、休憩のための施設でもある。王一代で使用されるのは一度だけである。

※6　イベガマ

長虹堤の南端、那覇市旧松山町と久茂地町の間にあった御嶽である。石を積み回していたことからチンマーサと呼ばれていた。由来については二つの伝承がある。

参考文献
真境名安興『沖縄一千年史』
真境名安興『沖縄県土木史』
『沖縄大百科事典』
『那覇市史／通史篇・第1巻』
田邊泰『琉球建築大観』
『那覇の今昔』
松本卓也、福島駿介
「長虹堤の位置に関する研究」

中北部を結ぶ比謝橋
～木橋から石橋へ～

宮平 友介
Yuusuke Miyahira
嘉手納町中央公民館町史文化財主幹

はじめに

比謝橋は、嘉手納町字嘉手納と読谷村字比謝橋の境を流れる比謝川にかけられた橋である。古来から中北部を結ぶ唯一の橋として数多くの人々に利用され、橋の近くには、比謝橋碑文[※1]・重修庇謝橋碑記・沖縄八景の碑[※2]・よしや歌碑等が建っていた。橋の南側には天川坂[※3]とよばれた石敷の急勾配の坂道があった。１６０９（尚寧21）年、比謝橋付近から上陸して天川坂から進攻してくる薩摩軍を阻止するため、熱いお粥を坂上から流して足をやけどさせようとしたところ、ちょうど腹を空かして弱っていた薩摩の兵士はそれを食べて元気百倍になり、一気に攻めのぼることができたと言う故事がある。

現在では、天川坂は取り除かれ国道58号となり、その傍らに「旧比謝橋模型」があり、比謝橋碑文が読谷村字比謝橋１０４番地（牧原入口南側）の国道58号沿いに建っているのみである。ありし日の石橋は、１９５３（昭和28）年に鉄桁橋に改築され、すぐに、現在の鉄筋コンクリート橋に改築され現在に至っている。

比謝橋辺りは風光明媚な観光名所として、琉球八景に数えられ、明治・大正・昭和初期頃の新聞を賑わしてもいる。

比謝橋付近から河口にかけては天然の良港となっていて、渡具知港や比謝港※4は琉球王朝時代のスラ場またはシラ場と言われた唐船作事※5（造船）所があったところである。比謝港のにぎわいとしては、１９０７（明治40）年４月25日の琉球新報の「比謝橋のたもと（比謝港）における年間の出入船舶は琉球形帆船１０１艘で反数にして７０７反となっている」という記事や１９００（明治33）年10月23日の「運輸交通の便否が土地の盛衰に影響するのは今更云わずもがな嘉手納の繁昌は専ら比謝橋という港を控えたるに由る。この港、琉球形帆船なれば十反内外のものは容易に破堤すべし〈後略〉」という記事からも伺い知ることができる。

昔の比謝橋

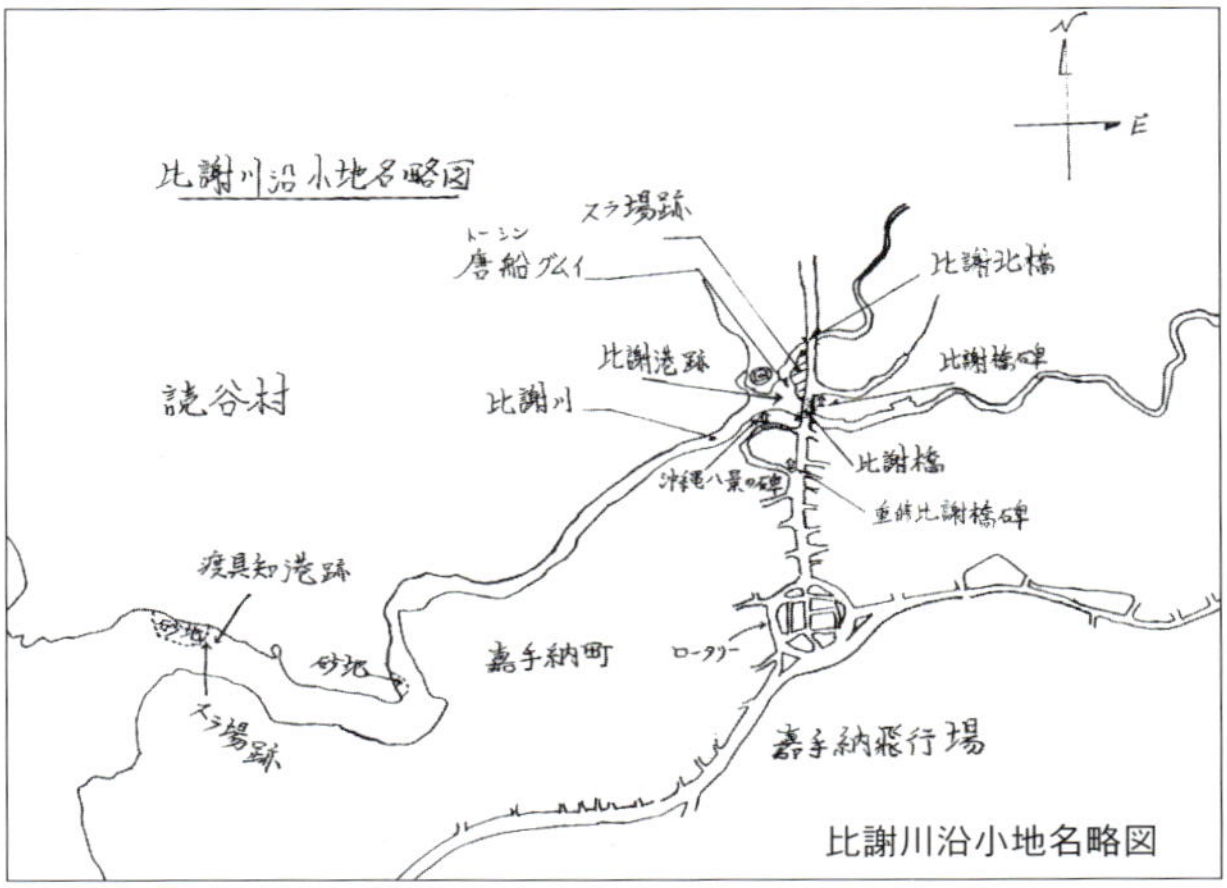

比謝川沿小地名略図

■比謝橋に関する歴史事象

①比謝橋碑文

　1717（尚敬5）年に比謝橋をはじめて石橋に改築したときの記念碑が「比謝橋碑文」である。その碑によると、比謝橋は昔から木板で造られた橋で、木を食う虫や暴風雨などのため、くされ易くて度々破損した。そのたびに人民は橋梁工事にかり出され、多大の供出に悩まされた。1667（尚質20）年と1689（尚貞21）年に補修をしたが、危なくて非常に渡りにくいうえ人民の過剰負担を取り除くため、王府では阿天秩[※6]（南風原親方守周）に命じて二座（2つのアーチ）の石橋に改築することになった。比謝北橋はこれまで通りの木橋にした。1716年8月24日に起工し、翌年の3月15日に完成した。この碑文の左には、橋梁建設時の官役、費用等が次の通りに記されている。

一　摂　政　尚祐・豊見城王子朝匡

一　法　司　翁自道・伊舎堂親方盛富、馬献図・浦添親方良意、毛応鳳・保栄茂親方盛祐

比謝橋碑

一　奉　行　阿天秩・南風原親方守周、葉慕蕃・兼島親雲上兼満

一　筆　者　麻温理・伊良波筑登之親雲上真途、宜野座筑登之親雲上、孫承祖・宜野座筑登之親雲上嗣春

一　仮筆者　阿天喚・西平筑登親上守□、□□□□□□筑登之明法

一　大　工　宮城掟親雲上□□

一　鐫　碑　平良筑登之、儀保筑登之
一　公用を務むるは、読谷山間切南風掟・古堅村の池原仁也盛富
已上は共に石橋を造る官役なり。
一　細　工　２６４３名、
工銀　５貫７５８銭３分
一　間切夫　１４３２０名、
工銀　14貫３２０銭
一　日用夫　１８５４名、
工銀　10貫５５０銭
已上は共に石橋に係はる費用なり。
一　康熙丁未（１６６７年）の修葺奉行は、毛従福・波平親雲上栄紀なり。
一　同じく己巳（１６８９年）の修葺奉行は、葉自興・喜名親雲上兼敬なり。
漢字筆者　毛如徳・和宇慶秀才、謹んで書す。

②重修庇謝橋碑記

この碑記によると１７２９（尚敬17）年には、庇謝北橋二座を石橋に改修し、庇謝橋も三座の石橋に改修することになった。この改修工事は規模を広くし恒久的な橋に改修しようということで決定したのであるが、この年は五穀豊穣で一般民衆の生活にゆとりがあって平和だった為にできたことでもあった。１７２９年３月28日に着手し翌年10月初２日に完成した。この碑文は次の通り各官姓氏と費用・工銭等が記されている。

一　国　相　尚徹・北谷王子朝騎
一　法　司　向和声・伊江親方朝叙、毛秉仁・美里親方安満、蔡温・具志頭親方文若
一　修造奉行　翁欽忠・宮城親方忠真、馬文彬・富島親雲上良連
一　筆　者　李善長・上江洲筑登之親雲上由精、明元徳・照屋筑登之親雲上長好
一　仮筆者　麻永茂・古堅親雲上盛富、馬国器・名護里之子親雲上良世、梅祖光・長浜子孫在
一　石大工　比嘉筑登之親雲上

一　鐫碑工　桃原筑登之、知念爾也
一　石細工　７７３６人２分
　　工　銭　１万２５０１貫２００文
一　料　米　１３８石４斗２升２合
一　間切夫　３万９３９１人６分
　　工　銭　３万９３９１貫６００文
一　諸費銭　９１０５貫７００文
一　故　実　２２６９貫文
一　飯　米　２０石２斗８合９勺
唐栄の鄭秉哲・大嶺里之子親雲上、再び記す。
金鑑・手登根里之子親雲上、再び書く。

③その他の修復工事について

１８５１（尚泰４）年に比謝北橋が決壊したので、応急処置として板橋を架けて往来した。その後に補修した石組みの基礎の部分が壊れたので人馬の往来に支障をきたした。復旧しようとしても王府の財政難で対応できなかった。その時に普本の妻[※7]が銅銭16万貫文を王府に献上したので、石橋を修築することができた。また、１８６６（尚泰19）年８月には大雨のために、大きく壊れた。

元の三つのアーチをもつ構造のまま改修すれば、再び壊れることは必至である。よって、新たに二つのアーチを追加して五座にして改修した。この時に改修工事ができたのは、首里汀志良次村住人の儀間筑登之親雲上が20万貫文を献上したおかげだった。これ以後大きな損壊はな

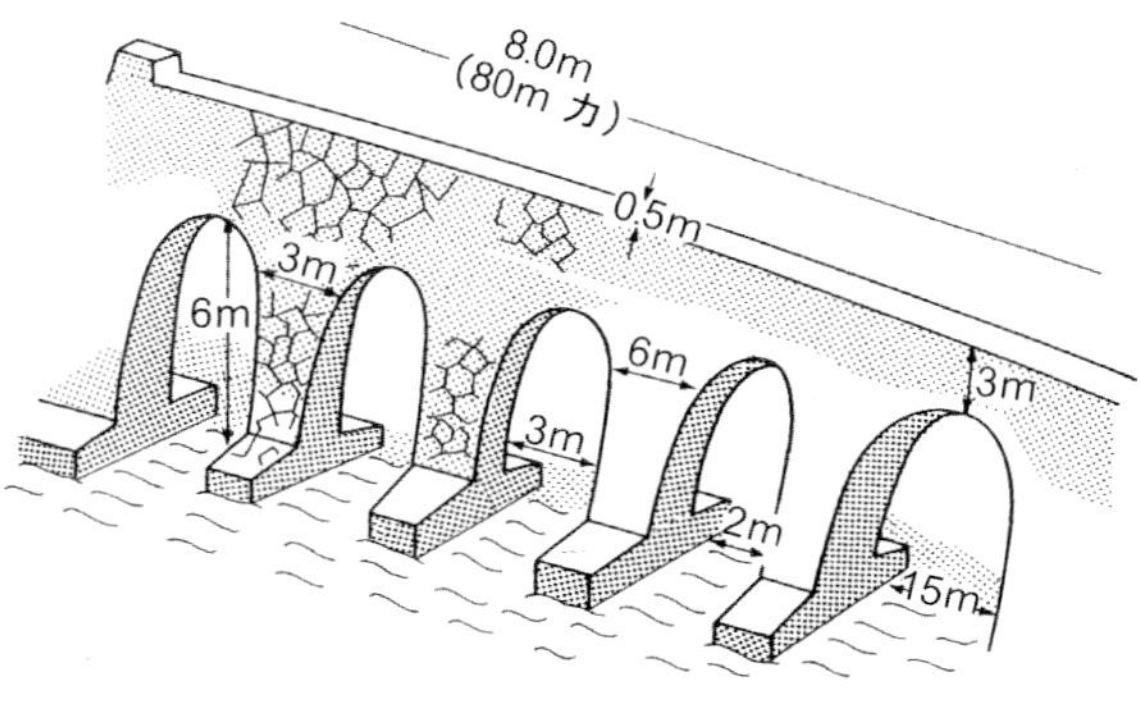

嘉手納橋（比謝橋のこと）の側面図。（「前地対戦車施設設置計画工兵中隊／別冊　前地地障状況工兵中隊 昭和19年12月」に描かれている図。『嘉手納町史資料編5』）
＊数字は打ち直した

くなったが、それでも川の水が橋を越え、付近住民に浸水等の被害を与えた。しかし、1908（明治41）年～1909（明治42）年の県道工事の際に比謝橋を嵩上げして二重橋にしてからは、流水による氾濫はなくなった。

④欧米人の記録にみる比謝橋

インディアンオーク号※8の乗組員が1840（尚育6）年8月29日に石造りの橋（比謝橋）を渡っている。その記録によると、その橋は三つのアーチがあって、幅は約20フィート（6メートル）となっている。ペリー提督※9の見聞記の1853（尚泰6）年6月3日の日記では、「我々がこの島で見たうちで、ずばぬけて大きな川が、それを横断していた。道には三つのアーチから成る一つの大石橋がかかっていたが、その橋脚の大きさと頑丈の力とは注目すべきものがあった。その橋脚の一つ一つには、それを洪水から護るために、10フィート～12フィート突出している三角形の橋台が、内側の方に付けてあった」と記録されている。

おわりに

比謝橋には「よしや歌碑」があったと言われるが、旧県道1号線（現国道58号）の道路拡張工事で比謝石橋が撤去された際に取り除かれ、行方がわからなくなった。

恨む比謝橋や
　情けない人の
わ身渡さと思て
　かけておきやら

という歌である。この歌は「よしやチルー※10」が家の貧しさゆえに7歳頃のときに那覇の遊廓へ身売りされていく悲哀を歌ったものとして有名である。この比謝橋が無ければ、私は身売りされずにすむかもしれないのに誰が架けておいたのか恨めしいことよ、と感極まってうたったといわれる。平敷屋朝敏※11（1700～1734）の「苔の下」という物語には、1669（尚貞1）年に19歳で世を去ったことが記されている。

比謝橋碑文には、比謝橋は、もともと木板を敷いた橋で１６６９（尚貞１）年と１６８９（尚貞21）年に補修工事をおこなったことが記されているが、この木橋をとぼとぼと渡ったであろう「よしやチルー」の歌碑も比謝橋を語るうえで忘れることはできない。

木橋のときももちろんのことであるが、１７１７（尚敬５）年に初めて石橋に改良してから１９０９（明治42）年の改良工事で恒久的橋として自信を持つに至るまでには、前記のとおりさまざまな困難があり、そのつどよりよく対処してきている。余談ではあるが屋良城[※12]の城壁の石はすべて石橋の材料として使用されたといわれる。石橋の堅固なアーチ部分を含む外壁を組立て、その内部に屋良城等から運んだ石を詰め込んでいったのであろう。

石橋に改良してからも決壊したりしたのは、比謝川には多くの支流があり、大雨の度に膨大な流量になる為だった。主な支流としては、ハンザ川（越来ダム下流）、カワハンザ川（知花十字路南）、ワタンジャー川（知花十字路北）、クラサク川（池武当西）、ヨナバル川（御殿敷[※13]）、大工廻川（大工廻）、トーニ川（御殿敷）、平山川（久得の平山）、ウチマラー（嘉手納高校側を流れる）、長田川（長田を流れる）等がある。

比謝橋工事のたびに中頭地方の11間切から人夫・水夫などの徴用や薪・野菜などの供出の負担があった。このようにさまざまな歴史を見つめてきた比謝橋は現在鉄筋コンクリート橋となり、今なお中・北部を結ぶ主要な役割をになっている。

用語解説

※1　**比謝橋碑文（ひじゃばしひぶん）**
１７１７（尚敬５）年に壊れやすい木橋を二つのアーチを持つ石橋に改築した。その記念碑の文。

※2　**沖縄八景の碑（おきなわはっけいのひ）**
１９３６（昭和11）年に比謝川は南沖縄新八景に当選。その記念碑で比謝川の傍らに建立。

※3　天川坂（あまかービラ）
国道58号の嘉手納から比謝橋に下る手前にあった急勾配の石敷坂道。薩摩侵入時の古戦場。

※4　比謝港（ひじゃこう）
比謝橋付近は明治から昭和戦前にかけて貿易港として栄えた。徳之島産の牛の売買権もあった。

※5　唐船作事（とうせんさくじ）
唐船建造のこと。王府時代資料に比謝川下流の渡具知港・比謝橋付近の唐船作事の記録が散見。

※6　阿天秩（あてんちつ）
南風原親方守周の唐名である。1705（宝永2）年に耳目官の馬元勲・宮平親方良康や程順則・名護親方寵文とともに清国皇帝への進貢使として清国へ渡っている。

※7　普本の妻（ふほんのつま）
普本は、那覇魚氏の六世で、許田筑登之普本のこと。その妻による比謝橋改修献上金の功績により新参家から譜代籍に昇格した。伊波普猷の先祖。

※8　インディアンオーク号
英国艦船で1840（尚育6）年のアヘン戦争の最中に清国を南下する途中、難破して北谷沖に漂着。

※9　ペリー提督
米国海軍軍人で1853年那覇に来航。首里城に強硬訪問。沖縄本島を調査させ遠征記に記す。

※10　よしやチルー
恩納ナベと並び称される女流歌人で読谷山間切出身。「苔の下」に1669年19歳没とある。

※11　平敷屋朝敏（へしきやちょうびん）
和文学者で組踊の「手水の縁」は彼の傑作として有名。1734（享保19）年に安謝で死刑。

※12　屋良城（やらぐすく）
発掘調査で出土した輸入陶磁器等から13～14世紀頃の城とされる。掘立て柱・敷石跡も検出。

※13　御殿敷（ウドゥンシチ）
沖縄市の字。元は琉球国王尚家所有の杣山。大正初期に居住者の土地も含め、製糖会社に譲渡。

参考文献

『嘉手納町史』資料編3「文献資料」
1996年　嘉手納町教育委員会

『嘉手納町史』資料編4「新聞資料」
1998年　嘉手納町教育委員会

『沖縄県氏家系大辞典』
1992年　角川書店

『角川日本地名大辞典47沖縄県』
1986年　角川書店

木橋から石造橋へ

～真玉橋の変遷とその構造～

久保 孝一
Kôichi Kubo
（社）沖縄建設弘済会技術環境研究所 参与

■ はじめに

真玉橋の架替え工事が２００２（平成14）年に完了した。『中山伝信録』に玉湖と謳われた漫湖に架かる４つ目の橋が出来上がったのだ。その同じ位置に、かつて、琉球随一の名橋といわれた「真玉橋」があった。沖縄石造文化の精華であったこの石造アーチ橋は、惜しくも沖縄戦の退却時破壊され、その後、米軍が鉄の橋、１９６３年には琉球政府によってコンクリート橋が架けられて来たのはご承知のとおりである。最初の真玉橋架設から４８０年が経ち、失われた石造橋そのものは再生しようにも過去の幻影であるが、21世紀の新しい真玉橋の歴史が再び始まった今、この真玉橋について、主に歴史の面から、石造橋の由来、そして新真玉橋の役割について述べてみたい。

■ 形が美しく心持良い石造アーチ橋

沖縄戦が終結してから既に60年、戦前に漫湖の東端に架けられていた石造アーチ橋の真玉橋をその足で歩いて渡った人が現在どれだけいるのだろうか。クバ傘を被り素足に天秤棒を担いでいたかもしれない。その在りし日の姿は写真に見るとおり、長、廣、高の比例の良さからくる快感、さらに湖水をわたる風のそよぎまで感じさせられてしまうほどである。

真玉橋『琉球建築』田辺泰著より

「下に三拱を架し、上に質素な欄をつけただけで、装飾は全くないが、その無装飾で、只線の運用だけで技巧を表わした処に限りなき妙味がある。」と自ら琉球第一の名橋としてお墨付きを与えたのは、わが国建築史学の祖・建築家伊東忠太博士（１８６７〜１９５４　文化勲章受章）である。

　伊東博士がはじめて沖縄を訪れたのは１９２４（大正13）年、那覇、首里と中頭郡の一部を視察、『琉球紀行』として見聞記を表し、橋についての1節で沖縄の石橋を紹介する中でページの3分の2を割いて真玉橋について述べ、「その形の美しさ、見れば見るほど心持の良い橋」として1等の評価を与えた。

　伊東博士がこの時、沖縄を訪れ、従来顧みられなかった琉球芸術を紹介したことがきっかけとなって沖縄の古建築等が脚光を浴びるようになり、戦前、首里城正殿が旧「古社寺保存法」によって国宝に指定されることになったのも博士の功績である。伊東博士の琉球紀行での賛辞は、現在までも真玉橋を評する際に常に引用されることとなった。

■建築史・地誌にも登場した代表的な橋

　現在、我々が真玉橋の姿を確認できるのは、次の写真資料によってである。

　戦前における南島研究の勃興、あるいは柳宗悦氏らによる沖縄の民芸研究が深められるにつれ、沖縄調査の集大成として、『琉球建築』（工学博士田辺泰著　昭和9～10年に来沖し県内の古建築を調査研究　昭和12年刊）、『沖縄文化の遺宝』（紅型型絵染人間国宝　鎌倉芳太郎著　大正10年から昭和初年、沖縄女子師範学校教諭に赴任、古美術調査に着手。戦前撮影のものを昭和57年刊）、『坂本万七遺作写真集―沖縄昭和10年代―』（坂本万七著　昭和14年柳らと沖縄調査団に同行・撮影　昭和58年刊）が纏められた。これら図書は戦前の貴重な沖縄の文化財を唯一確認することが出来るもので、この白黒写真集にも堂々と「真玉橋」が紹介され、素晴らしい映像の遺産となっている。

　真玉橋が沖縄の代表的な建造物として特記され、「地誌」にも取り上げられたのは、古くは、『琉球国由来記』[※1]（１７１３年）、『琉球国旧記』[※2]（１７３１年）に単独で真玉橋が記載されている。国王の関わりと石橋への建設経緯を述べ、首里王府が編纂したので国王の業績紹介でもあったであろう。

　中国の資料では、１７１９（尚敬7）年冊封副使　徐葆光が9ヶ月間の沖縄滞在見聞記『中山伝信録』に「橋に5つの水門あり、その下は玉湖である。」（原田禹雄訳）と真玉橋を紹介し、同書・琉球地図の中にも那覇港の奥にアーチ橋を描いている。

　日本では、１９０１（明治34）年には『日本名勝地誌（琉球名勝地誌）』があり、１９０９（明治42）年には『大日本地名辞書（琉球）』に紹介され、戦後、１９５０（昭和25）年には東恩納寛惇博士が『南島風土記』を著し、おもろ語を加えて解説している。

　近年では、１９８６（昭和61）年に『角川・日本地名大辞典・47沖縄県』があり、現在のコンクリート橋と通行事情にも触れ、１９８１

（昭和56）年には『沖縄県史（第6巻文化2）』が発刊され、王朝時代建築の石造建築の項に真玉橋を解説している。この解説は、建築家で県文化財保護審議会会長を務めた又吉真三氏である。

■最初の橋の建設目的（真珠湊碑文）

真玉橋が国場川の河口、漫湖（『中山伝信録』では玉湖、『南島風土記』では真玉湊）に最初に架けられたのは、１５２２（尚真46）年、第2尚氏第3代国王尚真によってである。この時の建設の由来は、戦前、守礼の門を過ぎて右手、石門《いしじょう》と呼ばれた処に建立されていた「真珠湊《まだんみなと》碑文《ひぶん》」に詳しい。この石碑は、尚真王が首里城並びに那覇港を守るために造成した真珠道《まだんみち》とこの途中に架かる真玉橋を架けたときの建設のいきさつ並びに橋完成の祝行事を述べたもので、この碑文の訳を試みた仲原善忠博士は、その著書の中で、架橋の３つの目的として、大方次のように記している。

①国の按司下司のため、また王の政治のため
②城と水の保護のため（根立て樋川と豊見城）
③いざという時は、南風原、大里、知念、佐敷の勢は、真玉橋を渡り、島尻の勢と共に、垣の花地（那覇港）に軍勢を集結する

真珠道は、国王尚真の命により、守礼の門のある綾門大道《あやじょうふみち》にあった石門から金城坂、識名坂、真玉橋、石火矢橋《いしびゃーばし》、豊見城城下、小禄、垣の花を通り屋良座森城《やらざむいぐすく》を終点とする、軍事的要所であった那覇港南岸を防御するための国防政策としての道であった。当時、那覇港北岸には、沖縄で最も古い石造アーチ橋で第1尚氏第5代国王尚金福が明国・冊封使の往復の便を図るため１４５１（尚金福2）年に築造された長虹堤《ちょうこうてい》があった。南北の防備の道を完成し国の政治の安定を確保した尚真は、１５２２（尚真46）年4月9日、現地に最高神女・聞得大君《きこえおおぎみ》を迎え、一大土木事業の落成式を挙行したわけで、その式典の様子も「真珠湊碑文」に詳しい。この碑文も沖縄戦で破壊された。

■木橋から石造橋へ（重修真玉橋碑文）

1522年の架橋が、最初は木橋五座であったとされるが、「真珠湊碑文」には判然としない。1731（尚敬19）年に編纂された『琉球国旧記』（巻5）に創設は木橋であったと記載されている。そして、石造橋の由来も述べている。

また、琉球の正史である『球陽』（1743年ごろに初回編集）には、その巻9「毛光炳改修真玉橋」中に「王、隆徳に命じ、木橋五座を督造せしめて、以って往還を通ず。」（球陽研究会による読み下し文）とある。内容は、『琉球国旧記』と同じである。

石造橋である真玉橋の建設由来の正統版には「重修真玉橋碑文」がある。現在、真玉橋公民館前に復元（写真参照）されているが、この碑文には、1708（尚貞40）年の第11代国王尚貞時代の石橋改修と1837（尚育3）年の第18代国王尚育時代の石橋改修とが双つ並べられて碑文とされている。

真玉橋が最初は木橋であったとするのは、この1708（尚貞40）年の改修時の記念碑文が「古の木橋なり」と記した最初の記述になる。首里王府が作成した1713（尚敬1）年の『琉球国由来記』や1731（尚敬19）年の『琉球国旧記』はこの1708年の碑文を引用しているといえる。

1522年の最初の架橋から1708年の石橋改修まで186年間は、木橋であり、5径間の橋であったわけで、この間、橋は何度洪水に浸され、流失したことだろうか。橋の周辺も開発が進み、東西2橋が土砂で塞がれ、結果、洪水が横流して橋堤を破壊するまでになって、いよいよ、国王から毛光炳（高嶺親方盛富）に石

重修真玉橋の碑文（復元）

橋改修の命令が下されることになった。最初の石造アーチ橋は１７０７（尚貞39）年９月に工事を開始し、１７０８年春３月26日に完成する。

古来、モンスーン地帯、台風、豪雨による災害常襲国・日本では木の橋が多く、大雨の洪水によって架けては流されれを繰り返し、多大の労力を用いてその都度復旧するのが常のことであった。度々の洪水から橋を守るために、九州地方では多くの石造アーチ橋が建造されたが、琉球においても、真玉橋の建設が石造で始められることになり、その例外ではなかったわけである。

■ ２度目の石橋改修

しかし、自然の猛威、石造橋であっても大雨にあって破損することも度々で、一時的に木橋で応急復旧がなされてもまた流され、王国の民はその労役に耐えずという状態になる。１７０８年から１８３７年の１２９年間に何度、洪水が真玉橋を襲ったのか。２度目の石橋大改修のきっかけは、１８０９年、那覇市側から数えて２番目のアーチである世寄橋が大雨で破損したことであった。２度目の石橋改修は、被災した世寄橋を重ねて石で修築し径間を広くするとともにその北に一大橋（世済橋）を築造するもので、工事は、１８３６（尚育２）年３月に起工して翌年１８３７年４月に完工する。

当時、工事に携わったのは王府の役人のほか、石細工１万２５８人・工銭７万４７７６貫97文、日用夫７万８２２６人・工銭１５万６４５３貫文を要したと「重修真玉橋碑文」の裏に工事の経過報告が書かれている。

後世、我々が写真で見る真玉橋は、１８３７年のこの時に完成した真玉橋で、昭和10年代には、右岸那覇市側に３つのアーチ、左岸の豊見城市側に１つのアーチがあり、左岸に接するアーチ部分は土砂で塞がれている状態で見ることになる。（このアーチ部分が、１９９６年に新真玉橋の建設途中に遺構として発掘された。）

２度目の石造橋大改修を行った１８３７（尚育３）年といえば、１８７９（明治12）年の琉

真玉橋（左岸下流、饒波川河口近くから那覇市方向を望む。）
『坂本万七遺作写真集ー沖縄昭和10年代ー』より

球処分の42年前、最後の琉球国王尚泰の1代前の尚育国王の時だが、沖縄戦まで108年しか存在しなかったというのは、残念というしかない。

■ 橋名はなぜ「まだんばし」か

1522年に架けられた最初の木橋5座の建設経緯を記した「真珠湊碑文」には、「ま玉ばし」とされている。同碑文では、国場川の川口を、「くもこ泊」「ま玉みなと」とも呼んでいたように、この橋も、「くもこ」「まだま」と両様に呼ばれていたのが、語韻の関係で「まだま」が通用されたものであるらしいと東恩納博士は『南島風土記』の中で述べている。「くもこ」「まだま」は同義のおもろ語で、いずれも誉め詞であるとしている。

『琉球国由来記』『琉球国旧記』とも、5つのアーチそれぞれに橋名が付けられていたとしている。真中は神名「コモコ橋」（『旧記』では

「雲久橋」)、その南を神名「世持橋」、その西(北)を神名「世寄橋」とし、両側の2橋は無名であるとしている。そして毎月、1日と15日に真中の橋に花、酒、五水を添えて村中の人が拝んだと記している。

1708年の「重修真玉橋碑文」は、『由来記』『旧記』より前の記録であり、真中の木橋を「真玉橋」と称していること、1719(尚敬7)年に沖縄の冊封副使であった徐葆光も「真玉橋」と記していることから、「まだんばし」と通称するのは創建時より一貫していたのではないかと思われる。

■実感！「真玉橋」の大きさは

私たちが写真で見る真玉橋は、実に堂々たる姿であるが、現在、石造アーチ橋として現存するものとどれ位の大きさの違いがあるのかを推定してみたい。

真玉橋は、橋長約38メートル、幅員約4.8メートル(『沖縄県史』)とされる。

ここに掲げた写真のヒジ川橋は、橋の橋台取り付け部分から対岸の橋台取り付け部分までの長さは13・2メートル、アーチ部分基礎の最大幅は4.8メートル、その上に勾欄が乗り、勾欄外幅は4.3メートル、通行部分は3.8メートルとなっている。この橋の通行部分幅は、首里からの石

ヒジ川橋　1733(尚敬21)年頃架設／首里
識名園が造営された時に首里からの石畳道とともに架設された。金城ダム工事によっても当時のまま、取付道路部分、石畳道部分を含め完全に保全された。

畳道の幅3.8メートルとも一致している。川を跨ぐアーチ部分の直径は3.5メートルである。

以上から、5連続アーチ橋真玉橋は、ヒジ川橋の左右の橋台取り付け部分を短く圧縮して約9メートルのものを3本連続のアーチ橋で連ね、左右両側のアーチ橋は、取り付け部分を含め各5メートルと予想される。アーチ部分の直径は、橋の中央、3つのアーチはほぼヒジ川橋と同じと見てよいと思われる。左右岸側のアーチは小さいものだったのではないか。

1837（尚育3）年の改修では、那覇市寄りの「世済橋」築造で右岸側最初のアーチを大きくしたから、後世、写真で見る4つのアーチは、どれも同じ大きさになったものと推定される。

橋の幅員は、ヒジ川橋と全く同じであるから、人が対向してゆったりと擦れ違えることが充分可能である。現在の車道幅（ライン幅）が3・25メートルであるから、一車線の道路に相当するということである。また、琉球王府時代、各間《ま》切《ぎり》（番所）を結ぶ「宿道《しゅくみち》」（現在の国道）の幅と同じであったということが出来る。

■ 真玉橋伝説「七色元結」

真玉橋を語るにおいて欠かすことが出来ない、誰しもが口の端に載せる伝説がある。「七色元結《なないろむーてぃ》」という人柱伝説である。

『島尻郡誌』（昭和60年復刊、南部振興会）によれば、木の橋から石橋に架け替える工事をしていた時、難工事に加え、豪雨によって築いてもまた破壊される。工事役人も思案するばかり。そこに、1人の神人（巫女）が現れ、「橋の出来ないのは工事の大きいのと好天気に恵まれないためであるが、洪水の害はその柱に人柱を立てれば必ず免れる。」としきりに勧めるので、その人柱の方法を聞けば、「子の歳うまれの七色元結した人なら宜しい」と言ったので条件に合う人物を物色するがなかなか見つからない。ところが、これを言い出した神人を調べると、その条件に合致したので、早速、その人を人柱として永遠に真玉橋の守神にした。その女には一人娘がいて、自分の親が口のために身を犠牲にされたので聾唖になったというものである。

そのことから「人先物言ふしや馬のさちとゆん（お喋り者は馬の先を歩いて災いをわざわざ招くようなものだ）」との諺が出来たと言われる。

この七色元結伝説を戯曲にして、大衆演劇として沖映劇場等で上演されたのが、「時代伝説劇・真玉橋由来記（全20場）」である。

■新しい真玉橋の役割

①災害の歴史を越えて
橋の歴史は、古来、災害との戦いの歴史でもある。難渋する工事中は勿論、橋を石積橋台にして洪水流に耐えうるようにしても大雨で幾度となく流され、その都度多大の費用を要して修復することを繰り返してきた。よく知られる長崎「眼鏡橋」も過去の洪水によって何度も被災し、近年では１９８２（昭和57）年7月、１時間雨量１８７ミリメートルという我が国観測史上最高の降雨による洪水で中島川に架かる他の石橋群とともに被災し、半壊となった。同様に国場川に架かる真玉橋の建設の歴史もその例外ではなかったわけである。

新真玉橋も国場川上流域の洪水氾濫対策を踏まえ、河川拡幅が下流部で計画されたことにより、橋長が大幅に伸びた。

新橋は、国場川の治水能力を阻害しない、洪水の流下断面確保のために橋台幅、個所数が制約され、結果的に、連続3径間となっている。

②渋滞解消にむけて
周辺の土地・住宅開発、人口の増大、産業・流通の経済活動の活発化によって道路の役割が一層高まっている。81万台を超える自動車保有台数の沖縄、交通渋滞が都市の経済活動を停滞させ、費用換算で何億の損失と効率重視の環境下に置かれる車の時代への道路整備が求められて来ている。

復帰直後、ラジオから流れる交通情報には、決まって真玉橋交差点の渋滞情報が報じられていた。

国、沖縄県の「ゆとりあるユイマール社会をささえる道づくり」（道路整備計画）では、この真玉橋地点を渋滞交差点として位置づけ、平成5年度から交差点改良と合わせて橋梁整備をすることになった（写真参照）。

新真玉橋の架替え建設が終了し、平成14年度に供用が開始された。

新真玉橋の橋長は、79・6メートル（4車線を確保）、幅員は歩道部左右各5メートルを含め30メートルとなって、これまでの狭隘であった問題を一挙に解決することになった。

おわりに

戦前、真玉橋の景観はどのようであったかは、1901（明治34）年の『日本名勝地誌』でも「橋上より望めば、布帆歴々数ふべし」とあって、その風情は、冒頭の写真で見るごとく、のどかな空気にひたされていたといえる。

石造アーチ橋の真玉橋であった時代、古い沖縄の風景ともの静かな人達の生活ははるか彼方に消え去った。新真玉橋が出来、国設鳥獣保護区でありラムサール条約によって水鳥（シギ、

真玉橋。2002（平成14）年度7月完成、左岸下流より上流（東）を望む。

チドリ類）の生息湿地として県内最初の登録を受けた「漫湖」を囲むように掛け渡された４つの橋から見る両岸の眺めには、敗戦から立ち上がり、苦難の戦後・異国支配の時代を超えて歩んできた成長著しい街の姿の躍動感を感じさせる。さらに、湖水と道路（橋）が一体となった水辺の景観、新しい都市空間の再生が果たされたといえる。時代を跨いで新真玉橋が今後の沖縄の経済社会の成長に寄与し、人々の憩いの場、コミュニケーションの場を創造することになる。

新しい真玉橋の完成は、復帰して30年、これまでの本土並み社会資本整備中心の「格差是正の道」としての終着点でもあるが、「はし」は、ものごとの起点でも終点でもあり、一つの終点から次に新しく始まる点へと繋ぐものでもある。県民自ら沖縄という個性ある風土を拓いて行くという、沖縄の次のステップである自立へ向けた「振興の道」への架け橋になったとも言えよう。

用語解説

※1、※2　『琉球国由来記』、『琉球国旧記』

琉球国の地誌（地方の地理について書いた書物）として首里王府、第２尚氏第13代国王・尚　敬の時代に編纂された。「由来記」は全21巻、「旧記」は本巻９、附巻11より成る。

王府時代の最大、最古の体系的地誌である。

参考文献
『沖縄大百科事典』昭和58年　沖縄タイムス社刊
『真玉橋』
沖縄県土木建築部南部土木事務所
久保 孝一『真玉橋之記』平成２年

国内最古の石橋・池田矼（橋）

仲宗根 將二
Masaji Nakasone
宮古郷土史研究会　会長
平良市史編さん委員会　委員長

■中国工法による架橋

明治以前の日本の石橋はすべて西日本に集中しているようである。架橋技術にはヨーロッパ工法と中国工法の二種があり、ヨーロッパ工法は江戸時代に長崎の出島をへて九州一円に、中国工法はこれより早く、琉球王国時代の沖縄県に入っているという。もっとも中国工法といっても、源流はやはりヨーロッパで、シルクロードをへて中国に入り、そこで一定の変化をとげたようである。

沖縄県の石橋の初出は１５００年代初期で日本で最古とみなされる理由である。しかし、そのほとんどがさきの沖縄戦で破壊されているので、戦火をうけなかった下地町字上地の小流崎田川の河口近くに架かる「池田矼（橋）」が現存する石橋のなかではもっとも古い、という研究者もいる。県内でもっとも古いということは、国内最古を意味しよう。

池田矼は１９７７（昭和52）年7月、沖縄県の文化財として史跡に指定されている。国・県

現在の池田矼（「沖縄県の文化財Ⅱ」より）

をとおして石矼（橋）の文化財指定は、今のところ県内唯一である。県指定の理由は次のとおり。

「咲田川近く、国道の側にあります。この矼は、琉球王国時代、平良から久松、川満をへて、洲鎌、上地、与那覇へ通ずる主要道路の一部であった下地橋道と共に架橋されたと伝えられています。『雍正旧記』（１７２７年）には、『池田矼、南北長二〇間、横三間、高さ九尺五寸、村北ノ潟陸原ニアリ』と記録されています。その後、何らかの理由で壊れた矼を、１８１７年（嘉慶22）に下地橋道と共に大修理を実施したことが、『宮古島在番記』[※1]に記されています。伝承では４００年、文献上の記録では２５０年余の歴史を有し、今日まで堅牢さを誇っています。」（『沖縄県の文化財』Ⅱ、史跡・名勝編、１９７４年）。

■伝承４００余年

ここで示された「伝承では４００年」の根拠

は、忠導氏正統並びに河充氏正統両家譜の記述によるものと思われる。

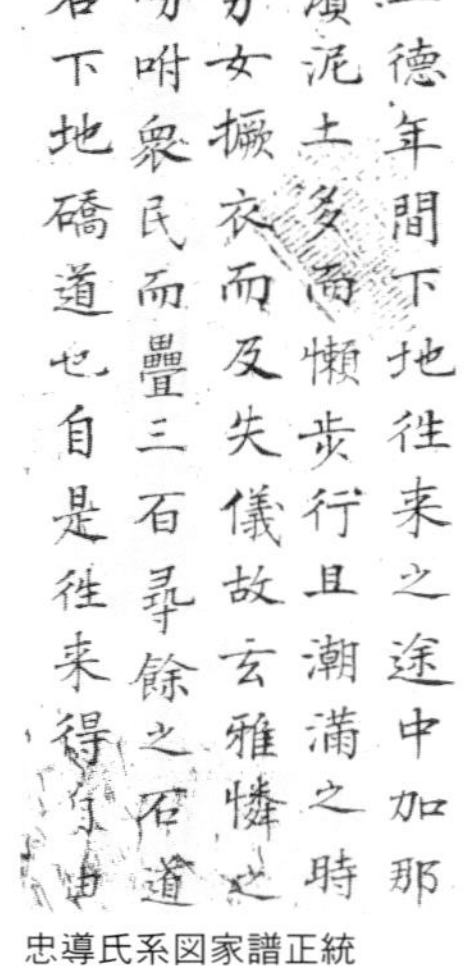
正徳年間下地往来之途中加那
濵泥土多而懶歩行且潮満之時
男女撅衣而及失儀故玄雅憐之
吩咐衆民而畳三石尋餘之石道
名下地礄道也自是往来得自由

忠導氏系図家譜正統

忠導氏は西暦１５００年ごろの宮古の統治者・仲宗根豊見親※2を祖とする系統で、その家譜には元祖仲宗根豊見親の事績の一つとして「正徳年間、下地往来之途中、加那浜泥土多而懶歩行且潮満之時男女撅衣而及失儀故、玄雅憐之吩咐衆民而畳三百尋余之石道、名下地礄道也、自是往来得自由矣」と記している。――正徳年間、下地への往来の途中、加那浜一帯は大変な湿地帯で、歩行は困難をきわめた。潮が満ちてくると男女ともに着物の裾をからげるなど、見るにしのびないあり様であったので、仲宗根豊見親は人びとを指示して、およそ３００尋余の

仲宗根豊見親の墓

石畳道を造らせ、下地橋道と名づけた。これより不自由なく往来できるようになった、というものである。

河充氏正統家譜もその序で、元祖川満大殿の事績について忠導氏家譜同様、「正徳年間、下地往来之途中、加那浜泥土多而人民常憂往還之労難是故、受玄雅之命使畳石道、下地橋道是也」と記している。仲宗根豊見親の命で、川満大殿が造設した、と。

正徳年間は1506~21年であるが、家譜整備は200年後の1700年代中葉なので同時代の記録とはいえない。同地域一帯では、下地橋道と池田矼は隣接して同じ時期に架けられた、との伝承もあって「伝承では…」としたのであろう。さらに今のところ池田矼についての最古の記録は、『雍正旧記』※3の「加那浜橋、南北長五町四拾六間、横壱間弐尺、高サ六尺、村西方ニ、潟陸原ニあり。池田橋、南北長弐拾間、横三間、高サ九尺五寸、村北の潟陸原ニあり、崎田河原池田橋之東方ニあり、流水橋の下より潟へ下る、河長弐町四拾七間、河横壱間」の記述である。

橋道架橋に至る要因については、仲宗根豊見親が島主となって、神水の誓い合いのため各村巡視の途次、加那浜の往還にさいし衆人が難渋しているのに心を痛め、神水誓いを終えたのち加那浜橋を積み上げさせた時の「あやご」※4として、次のように記している。

　下地めやらへや田の上めやらへや　囃・まなふたね広と豊ま（下地の乙女たち田の上の乙女たち、囃・円満で子孫繁昌し豊かになろう。以下略）

　おけめさうのかな浜の道から（うきみぞうの加那浜の道から）

　なしはたちやいちやたらいかゝむワ（七つの襞を合わせた襞の多い裳を）

　むゝねかめたむとかめからけ（股根まで袂までからげて）

　平良道おやミそね通いおり（平良への道親三宗根へ通っている）

　おれ見当り目と見たりいちやさの（それ

を見て目のあたりにして心を痛め）
　下地皆田の上皆おこない（下地の人皆田の上の人皆を集めて）
　男すや石持女すや土持（男衆は石を持ち女衆は土を持って）
　橋積あけ石積上けからや（橋を積み上げ石を積み上げたので）
　ならはたりやあこるひたかゝむはた（七つの襞を合わせた裳を）
　あとたらす地はらふて通いおり（踵まで垂らし地面を払って通っている）

――仲宗根豊見親は、平良へ通う下地の人たちが加那浜の湿地帯で晴着を股までからげて往来する様子をみて心を痛め、下地の人びとを集めて架橋工事をしたおかげで、人びとは安心して往来できるようになった、という意である。

　なお囃の「まなふたね広と豊ま」について慶世村恒任※5は、「まこと名だたる空広の豊見親――」と解している。空広は仲宗根豊見親の字《あざな》である。

■記録２５０余年

　池田矼の県文化財指定理由の「文献上の記録では２５０年余の歴史を有し」とは、さきの『雍正旧記』の整備年１７２７（尚敬15）年に拠るものであろう。また、同旧記に記された池田矼の規模は現況とは著しく異なっているようである。その点は『宮古島在番記』の１８１７（尚灝《しょうこう》14）年の条に「下地矼道並池田矼大破相成、人馬ノ往来及難儀候ニ付在番真壁親雲上始役々詰込下知方ヲ以テ掛合並大修甫有之候事」と関連があろう。前年の暴風雨による「大破」による「修甫」で現況のように変化したのではなかろうか。

　さらに１８５２（尚泰5）年の暴風雨で「下地辺往来浮道三百七十三尋余共被大波打破」（『球陽』）ともある。浮道三百七十三尋余とは、隣接する池田矼と下地矼道の総延長であろう。被害状況や復旧工事等についての記録は見当らないが、『雍正旧記』の「加那浜橋五町四拾六間、池田橋弐拾間」は合わせて３６６間であり、

1尋1間とみて、その差7間余は2つの矼（橋）をむすぶ道路に見立てられるのではなかろうか。

1882（明治15）年8月、この地を視察した県令上杉茂憲※6一行は、平良を出て、松原村、川満村をへて上地村への道すがら矼道を通っている。「五、六町ノ間海岸ニ石ヲ畳ミ広大ナル道路ヲ築造セシ処アリ俗ニ此ノ浜海ヲ嘉名浜ト称」し、忠導氏の祖先が築造した道路で、「後世ニ至ル迄便益ヲ与」えている、「噫乎誰カ之ヲ賞嘆セサルモノアランヤ」（『上杉県令先島巡回日誌』）と、仲宗根豊見親の功績として賞めそやしている。

「明治四十三年一月十二日脱稿」と明記された「県史編纂史料（宮古ノ部）」は、崎田川の「川口ニ池田橋アリ、長サ三間アリ、コレヨリ南ニ進メバ字上地ノ西海岸ニ添ヘテ石橋アリ、加那浜橋トイフ、長サ五町四十六間、宮古第一ノ長橋ナリ」と記している。

1914（大正3）年、平良、下地、城辺三村組合は、漲水港（現平良港）を起点に下地、城辺、西辺（狩俣）へ伸びる親道とよばれた前近代以来の宿道を拡幅・整備したが、そのさい下地矼道とよばれた海中道路は破壊されたと言い伝えている。また、池田矼よりいくぶん河口よりに新たにコンクリート製の橋が架けられ、隣接する拝所名にちなんで「赤名宮橋」と名づけた。さきの大戦後、架け替えられ「咲田橋」と名称替えしている。幹線からはずされた池田矼はおかげで矼道と運命を共にすることなく、往時の姿を現在に止めている。長さ4.9メートル、幅員3・14メートル、高さ4・18メートル、石積みの取付道路は北側のみ13・28メートル残存している（下地町教育委員会調査資料より）。

■「家譜」記載どおりなら国内最古

1977（昭和52）年3月、石橋研究家の山口祐造、評論家の戸井田道三両氏は、宮国定徳平良市文化財保護審議会長（いずれも故人）の案内で池田矼を視察、実測された。山口氏は1959年、長崎県諫早市の本明川に架かる石橋を解体、川沿いの公園に移築したのを契機に、

現在の池田矼（側面より見る）

全国各地の石橋の調査・研究をして、多くの著書・論考をもつ著名な石橋研究家である。

石橋の「重修」とは、大破による復元工事をさし、完全に破壊された場合は再建または架け替えというのが通常である。池田矼は確かに壁石等は一部積み替えの痕跡がうかがえるが、アーチ部分は架橋当初のままと思える。それゆえ忠導氏・河充氏両家譜記載の年代どおりならば、現存の石橋のなかでは池田矼は国内最古といえる、というのが山口氏の見解である。

沖縄県が池田矼を史跡として文化財に指定したのは、それから間もない同年7月のことである。故島尻勝太郎、高良倉吉氏らの調査をへて指定された。

用語解説

※1　宮古島在番記（みやこじまざいばんき）

上地与人白川氏恵賛が、先例として活用の便をはかるため、乾隆45（1780）年、蔵元所蔵の諸記録をもとにまとめた記録。その後、明治30（1897）年まで書き継がれた。歴代の首里王府派遣在番、三間切頭、大安母、祥雲寺詰僧、詰医者、異国船の寄港・漂着、その他疾病、災害、事件などを記録する。

※2　仲宗根豊見親（なかそねとぅゆみゃ）

生卒不詳。西暦1500年ごろの宮古の支配者。1500年、首里王府は八重山へ兵3000をさしむけ、オヤケアカハチらの事件を平定した。そのさい宮古各地の豪族を率いて先導役をつとめ、その功で宮古・八重山の支配者としての地位を一層強固にした。妻宇津免嘉（うつめが）は神職の最高位初代大安母である。

※3　雍正旧記

宮古旧記類のひとつで、1727（雍正5）年宮古から王府あての報告を編さんした記録である。各村の名所旧跡、城跡、井戸の名称と掘削年代等が記されている。

※4　あやご

綾言（あやごと）に由来するという。あやは金銀綾錦のあやで、美しい言葉の意である。現在の宮古では、民謡も歌謡曲も歌はすべて「あやぐ」もしくは「あーぐ」と言っている。

※5　慶世村恒任（きよむら　こうにん）

明治24（1891）～昭和4（1929）。沖縄師範学校を病気中退したのち、九州での兵役を終えてから、代用教員をへて新聞記者の傍ら、宮古史を初めて体系化した『宮古史伝』（1927年）を著わす。ほかに『宮古五偉人伝』『宮古民謡集』（第一集）等がある。

※6　県令上杉茂憲（けんれい　うえすぎもちのり）

明治14（1881）年～明治16（1883）年まで沖縄県令。県令とは現在の県知事。旧米沢藩主。明治維新で藩籍奉還後は藩知事、明治5（1872）年から翌年にかけて英国留学、明治10（1877）年宮内省御用掛。県令在任中、初の県費留学生の東京派遣、県内全域巡視など、開明的県令として知られる。

近世琉球を代表する土木事業

～蔡温が指揮した羽地大川の改修～

中村 誠司
Seiji Nakamura
名桜大学国際学部 教授

■はじめに

名護市羽地の親川の小さな丘に「改決羽地川碑記」の石碑がたっている。１７３５（尚敬23）年、蔡温[※1]が主導した羽地大川[※2]改修事業を顕彰するため、王府がその９年後の１７４４（尚敬32）年に建立したものである（現在の碑は３代目）。

農業・米作に生きてきた羽地の歴史は、羽地大川に象徴されるといってもよい。近代の20世紀前半、羽地の人々は暴れ川となった羽地大川を付け替え、水田を中心とする耕地整理事業と取り組んだ。21世紀はじめの現在、羽地ダム建設と農業の水利条件整備が進められている。

ここでは、近世琉球を代表する土木・治水事業である羽地大川の改修工事を当時の記録に即して紹介する。

羽地大川の旧流路（1903年）

■土木の時代～技術者・蔡温

18世紀前半の近世琉球は土木の時代であった。それを主導したのは蔡温であり、彼が依拠した思想（知識）と方法（技術）は風水地理※3であった。

蔡温（1682～1761）は、近世琉球の国政を担った政治家・行政家であるとともに、

改決羽地川碑記。
1744（尚敬32）年建立。
現碑は1997（平成9）年再々建。

風水地理という実用の学と技術を身につけ、実践した第一人者である。三司官として国政の中枢にいた1728～1752（尚敬16～尚穆1）年の四半世紀の間、蔡温が権力と技術力で実施した主な国家的事業として、墓地・村落・屋敷等の土地利用規制の施行（1732年～）、羽地大川の改修工事（1735年）、全琉の河川改修（1736年）、杣山制度の確立（1736年～）、計画的な碁盤目状の集落形成（1737年～）、元文検地の実施（1737～1750年）などを挙げることができる。彼は王府中枢にいつつ常に現場派であり技術者であった。なかでも注目されるのが、1735年秋の羽地大川改修事業での現場陣頭指揮である。

蔡温の肖像画

■羽地大川改修事業の発端と準備

1735年の羽地大川改修事業については、幸いその工事日誌の「羽地大川修補日記」（写本）が残されている。

「日記」は、次のように記録を始める。1735（尚敬23）年旧8月16日晴天、大浦川（この改修工事を機に羽地大川に改称）は毎年多少の水害をおこし、百姓は難儀してきた。しかし、この7月の大風雨（台風）の被害は甚大で、羽地間切だけではとても改修復旧できないので、間切から王府に申請してきた。王府もこの事態を重く見て、蔡温を責任者として多くの役人を現地に派遣することにした。

8月20日に彼ら一行は首里を発ち、美里・久志間切経由で22日に羽地に着き、早速現場を見た。川筋と水損の場所を調べると、大変な堤防決壊と田の流亡である。

　蔡温の治水論は風水地理論の「順流真秘」論である。木火土金水の五行説をもとに、それらを形態として解釈し、その相生・相剋の関係を評価して、金形と水形を基準に河川の形態を決める。それと河川の勾配と幅を組み合わせて、その河川の改修工法を設定した。羽地大川の現況は逆流のところが多く、順流の川筋に改めることを課題とした。上流から出口までは山組※4がよく続いており、下流の川周辺の田畑をさばき直せばよいと判断した。

　問題の下流域では、23日にくかる堤から河口の古我知湊頭まで測量した（〜24日）。測量は4組が編成され、王府役人に間切役人が各組6名配置された。26日には現況図面も大方作成し、工事場所の高低も調べた。この日、改修工事の工法と手順を設定している。

　8月28日には、水流を通す所の高低等が決定したので、この日から川筋を究め、すぐに印のいぬまん（枝を落とした小木）を差し始め、29日にはすべて終えた。


　この改修工事には多くの人夫を必要とする。また、水田の準備時期も迫っている。そこで次のような夫役（人夫）の調達と割り当て計画をたてた。伊江島を含む国頭方（山原）10カ間切の正頭５３６９人を20日使うことにして計10万７３８０人。その内、現場工事の人夫８万４７４８人、いぬまん取夫９８６０人（束）、杭木取夫１万２７７１人（杭木５万４６６１本）と見積もられた。

羽地大川改修工事の経過と成果

　８月22日に一行が羽地入りし、現地調査、測量、改修設計図の作成、工法の決定、そして国頭方10カ間切からの人夫の手配など、改修工事の諸準備をはじめてわずか11日目、９月２日にいよいよ本格的な現場工事に着手する。本工事は11月14日までの２カ月半。

　９月２日には、まず地元の羽地と本部から計４０８人の人夫が召集され、現場作業が始まった。人夫10人に１人の地元役人がついた。各間切から召集された人夫は、当初の約2週間は毎日３００~５００人、９月中旬以降11月11日までは１０００~２０００人、多い日（10月28日）は２５８６人もの人々が改修工事の現場で働いた。

９月８日には、大きな問題が起きた。与論・沖永良部で台風のため家屋が損壊したので、山原から復旧用の竹や木材を提供してほしい旨、王府に申請があり、羽地の蔡温に王府より照会がきた。彼はすべての間切夫が改修工事で忙しく、12月以降でないと対応できないと返答した。

12日に追加の筆者（役人）が着任し、７組に再編成された。12日と13日は「麦初種子、みや種子」の祭事があり仕事は休み。16日からは、男だけでは足りなくなり、土運搬後の作業などに女人夫も召集し始めた。この日からは毎日の人夫数が１０００人をこえる。29日には奉行人が新たに２名着任し、それに伴い10組に編成替えする。

10月７日は、昨夜来の大雨で人夫の仕事は中止。蔡温らは大水の川の水力と順逆の次第を調査した。10月はほとんど毎日雨が降る中で、新しく川筋を掘り、元の川を埋める作業が続いた。

11月11日、我部祖河前に浮溝（用水路）を通す所に丘があり、それを削るため美里間切池原村から百姓３人を呼び、人夫73人で掘削作業を進める。

12日から人夫は毎日半減し、14日には１７０人となり、この大改修工事は実質的に終了した。

金水混用決水図

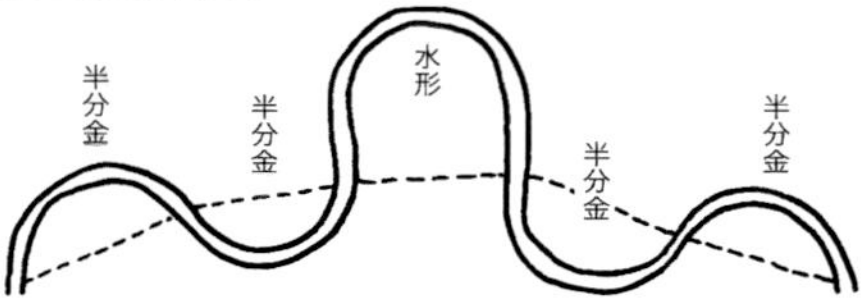

「順流真秘」の水流湾曲式

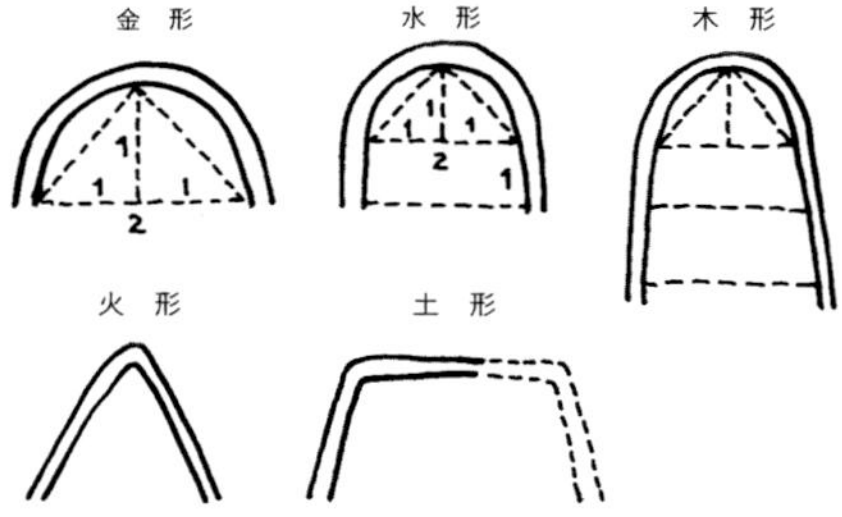

17日、一行が首里に帰る前日、蔡温たちは羽地間切一の山「たにう山」（多野岳）に登り、「諸山盛衰の様子得と見分」けるのであった。18日は晴天で、午前10時頃羽地間切を出発、恩納番所と北谷番所に泊まる。20日、午後3時頃浦添番所に着いた。尚敬王が出迎えた。

間切名	夫（人）	内現夫（人）	いぬまん（人・束）	坑木取夫（人）	坑木（本）
名護間切	11,731.56	8,826.64	1,777	1,727.72	7,445
本部間切	12,788.29	10,058.12	1,291.5	1,438.67	5,998
久志間切	10,340.11	7,999.45	1,064.5	1,276.16	5,519
大宜味間切	11,388.72	8,451.97	1,047	1,889.75	7,311
金武間切	5,467.12	3,970.87	639.5	856.75	4,080
今帰仁間切	10,738.67	8,042.37	1,131	1,565.33	6,277
国頭間切	12,061.24	9,548.07	1,197.5	1,315.67	5,777
羽地間切	14,628.35	11,667.93	1,438	1,522.42	6,935
恩納間切	7,497.42	5,444.25	874	1,179.17	5,319
伊江島	10,738.52	10,738.52	−	−	−
合計	107,380	84,748	9,860	12,771	54,661

資料）「羽地大川修補日記」（1735年）より

全日数90日、そのうち往還に6日、雨や祭などの休みを差し引き、中身77日の勤めであったと、「日記」は記している。続けて、羽地大川の工事総延長２２２７間（約４３００メートル）、本川を新しく造り直し、また破損の所は埋め、さらに往還の便利のため４カ所に橋をかけ、浮溝４筋３５４３間（約６９００メートル）を掘り通し、小堀を11造り、丘を１つ貫通させ、割通しを１つ造ったと、この事業の全容を概括している。

■羽地大川改修の意義

この事業は、さまざまな面で、近世琉球を代表する土木事業として評価される。

第１は、国家的事業として国土保全と農業基盤の確保である。山原は、米が租税の基礎であり、なかでも羽地田圃は重要な米作地域であった。その羽地に大雨による甚大な被害が発生した。地元の要請に王府は迅速に対応した。米づくりは旧11月に始まる。9月から2カ月半にわたって国頭方の各間切百姓を強制的に徴用することは、地域の農業生産が低下する危険を押しての事業であった。羽地大川を復旧保全し、下流域の水田の回復をはかることは、国家的な立場から重要だと判断したのであろう。

第2は、蔡温に代表される土木技術者集団の存在、当時における技術の水準である。蔡温の「順流真秘」「山林真秘」論は、近年一部で評価されつつある。

彼は、治山・治水の理論と技術を十分身につけていた。改修工事の諸準備をわずか10日間で仕上げている。また、部下役人の「稽古連中※5」を現場で積極的に技術指導していることも注目される。

第3に、羽地大川での実践と経験が、直接には翌年からの全琉各地の河川改修事業に活かされ、さらに杣山調査、元文検地の大事業へと展開していく。蔡温が主導した国家的事業は、濃く技術的基礎に基づいている。

1960年頃の羽地田圃俯瞰スケッチ（絵：村上仁賢）。左下が旧羽地大川の川口

用語解説

※1　蔡温（さいおん）

1682（尚貞14・康熙21・天和2）年生まれ。三司官を務めた。陽明学者に師事し学問を修める一方、実利実用の学を修得する。『山林真秘』は体系的な林学論であり、日本林学界でも高く評価されている。

※2　羽地大川（はねじおおかわ）

名護市羽地地区を流れる流域面積14・15平方キロメートル、流路延長17・5キロメートルの河川。名護岳や多野岳山系の水を集め羽地ターブックヮへ送り込み羽地内海に注いでいる。

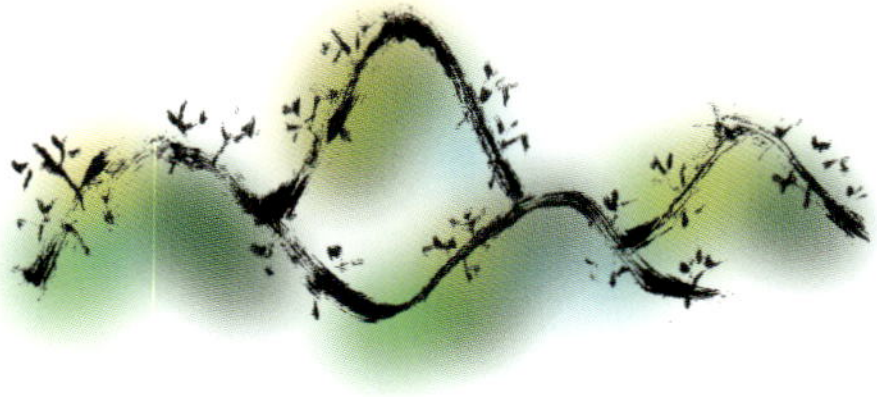

※3　風水地理

古代中国に発生した土地の吉凶善悪評価法。風水地理学と呼ばれ、蔡温が直接中国で学んだ。

※4　山組（やまぐみ）

山の連なりのこと。

※5　稽古連中（けいこれんじゅう）

往時、技術を訓練していた役人たちのこと。

参考文献

「羽地大川修補日記」1735年（1926年島袋源七筆写、琉球大学付属図書館蔵）

蔡温「順流真秘」1744年（立津春方編『林政八書』1937年所収）

『名護碑文記』1987年　名護市教育委員会

『羽地大川―山の生活誌』1996年　北部ダム事務所・名護市

龍潭

～その歴史的景観と今日的意味～

平良 啓
Hiromu Taira
（株）国建 建築設計部 部長

■ はじめに

龍潭は復元なった首里城の北側に悠久の水を湛えた池のことで、魚小堀（イユグムイ）とも呼ばれている。池の周辺は緑に覆われ、深くて澄んだ水を眺めると多くの魚が泳ぎまわり、市民が池の縁を散策している。龍潭は都心の喧騒を忘れさせてくれるオアシスと言ったら大げさだろうか。木立の間から仰ぎ見る首里城の甍と青空のコントラストは、私たちを古《いにしえ》の世界に誘ってくれる。首里城とその周辺が織り成す歴史的景観が徐々に蘇ってきている。いったい、龍潭にはどんな歴史が刻まれているのだろうか。私は土木の専門家ではないが、首里城の建築物群の復元に関わった一人として、龍潭について述べてみたい。

■ 龍潭の歴史と水のメカニズム

沖縄最古の石碑「安国山樹華木記碑」※1によると、龍潭は１４２７（尚巴志６）年国相懐機※2

龍潭より首里城を望む（明治後期）：伊藤勝一氏提供

によって整備された。懐機は、１４１７（尚思紹12）年に王命を受けて中国に赴き、造園技術を習得して帰国した後、この一大事業を指揮している。記録によると、１６０４（尚寧16）年、１６７８（尚貞10）年、１７５４（尚穆３）年に浚渫《しゅんせつ》工事が行われている。なお、これらの工事はいずれも冊封使が来琉する数年前に進められている。少し間があくが、１９４２（昭和17）年に、龍潭を養魚地として活用するために浚渫工事が行われた。しかし、去る沖縄戦でこの一帯もアメリカ軍の攻撃によって壊滅的な打撃を受けている。戦後は、首里の復興と歩調を合わすようにして落ち着きを取り戻し、再び市民に親しまれるようになった。首里城跡が都市公園として一部開園することを受けて、平成４年に大掛かりな浚渫と周辺の公園整備が進められた。

　かつて、琉球王国は中国と冊封・進貢関係を結んでおり、中国皇帝の名で国王を認知するために、中国から冊封正使・副使始め、４００人から５００人の関係者が約半年間琉球に滞在した。冊封使は滞在中、七宴と呼ばれる饗応を受けている。第一宴の「諭祭の宴」は崇元寺で執り行われ、その後首里城で「冊封の宴」、「中秋の宴」と続き、そして、第四宴の「重陽の宴」は龍潭と城内の北殿で開かれた。

　旧暦の９月、龍潭に龍船を浮かべて冊封使を歓待しており、その様子は当時の記録などに残っている。１７２１（尚敬９）年の『中山伝信録』と、１８６６（尚泰19）年、最後の冊封の様子を描いた『冠船之時御座構之図』[※3]には龍潭での行事が描かれている。これらの史料によ

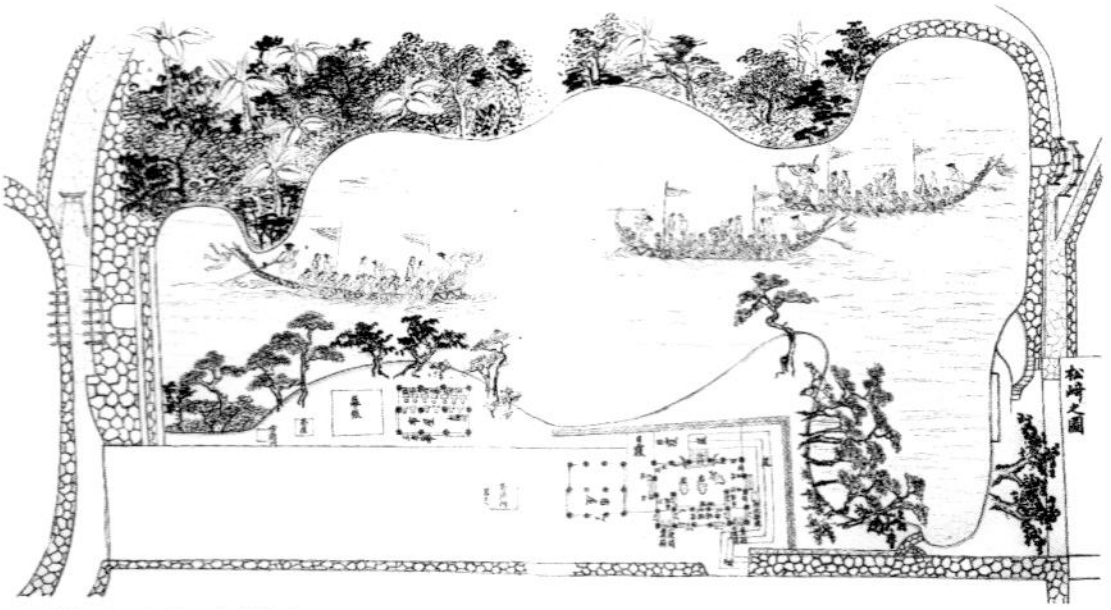

冠船之時御座構之図

ると、池のほとりの飾り付けが整った仮設建物の中に国王と冊封使が座り、3隻の爬龍船による競漕を観覧している。1800（尚温6）年に来琉した冊封副使李鼎元《りていげん》は彼の著書『使琉球記』で、龍潭のことを述べている。当時から今の龍潭の風情はあったようである。

いつも満々と水を湛えている龍潭はどのような水系になっているのだろうか。実は、首里城の水系と密接に繋がっているのである。首里城の瑞泉門下にある龍樋と、久慶門南東側にある寒水川井戸《スンガーガー》から流れ出た水は、暗渠を伝って久慶門両脇を通り、そこから円鑑池《えんかんち》に注がれる。また、円覚寺方面からの水も円鑑池に注がれる。その円鑑池から溢れ出た水が龍潭に流れる仕組みになっており、さらに、池の周辺からも水が集まる地形になっている。※4 龍潭で溢れ出た水は、北西側にある世持橋《よもちばし》の下から大中町方向に流れていく。

■龍潭に関連する建造物

龍潭にはいくつか関連する建造物がある。円鑑池はほぼ円形の池で、廻りを石積で立ち上げている。池の中央には中島があり、そこに木造の弁財天堂※5が建っている。中島に渡る石造の橋は天女橋で、中国にある駝背橋《だはいきょう》と同様の形式が見られるが、アーチや石造欄干の構成は琉球の石造技術の高さを示している。

円鑑池と龍潭の境にある龍淵橋《りゅうえんきょう》は、戦前から欄干がなく、現在も持送石《もちおくりいし》のみが残っている状態だが、かつては、鶴亀や牡丹、龍などの彫刻が施された羽目石などが欄干として取り付いていた。

これらの建造物は、龍潭が掘られて75年後の

1502（尚真26）年に創建されている。龍潭とその周辺の景色は、多少の変遷はあったにしろ、その頃ほぼ完成していたことになる。

龍潭北西側の世持橋は、1661（尚質14）年に慈恩寺から移設したと『琉球国旧記』は伝えている。去る沖縄戦で欄干のほとんどは散逸したが、橋体は残存しており、現在その上をアスファルト道路が通っている。しかし、道路の下に埋もれた状態なのでなかなか気がつかない。

戦前の写真によると、見事に彫刻された石造欄干と龍潭、その奥の小高い丘に見える首里城の景観が美しい。「首里八景・龍潭夜月」と詠まれたのもうなずける。世持橋は、欄干の笠石が両端でカーブしている形や、羽目石に彫られた様々な図柄がユニークな造形となっており、琉球の石彫刻の白眉とされた。

龍潭一帯の特徴は、自然の地形や水系を生かしながら、円鑑池、弁財天堂、天女橋、龍淵橋などを適所に配置して機能性、意味性を持たせ、それらが首里城や隣の円覚寺と一体となった景観を構成している点にある。

■龍潭の土木事業

先述の「安国山樹華木記碑」によると、王城外の安国山の北側に池を掘り、南側に物見台を築き、休息の場にして山にはマツ、カシノキなどの木や花、果樹などを植えたとある。そして、龍潭を掘った土で安国山に盛土を行っている。まさに、現在でいう公園事業である。

元々自然のクムイ（溜池）であったところを掘り下げて周辺

弁財天堂と天女橋

龍樋

円鑑池側から龍潭方向をみる

を整備したと考えられるが、それでも龍潭の規模からすると、かなり大掛かりな土木事業であったと想像される。土木機械のない時代にこれほどの事業を行った事例は、他に長虹堤《ちょうこうてい》の建設が挙げられる。このような大型事業が推進できた背景には、それを立案・遂行し、大勢の人間を統率する優秀な人材がいたことと、国家的事業を推進する社会の仕組みがあったからである。

龍潭の建設は、先人の大胆な発想と科学的根拠に基づいたち密な計画、景観を演出する意識があってはじめて成し得た一大土木事業であった。

現在の龍潭。奥に首里城の建物が見える

現代に生きる龍潭

平成4年の公園整備事業では、龍潭の淵に琉球石灰岩を積み上げて水際の水深を浅くし、中央部は元通りに深くしている。そのことで一部批判があったが、すっかり落ち着いた龍潭をあらためて散策してみると、水深が浅いことはほとんど気にならない。むしろ親水性のある水辺となっており、安心感がある。そして、今の龍潭に違和感をもっている人はほとんどいないと思う。この手法は、都市公園としての安全性や法面《のりめん》の安定、水の浄化などを目的とした現代土木の知恵である。

このように、歴史的景観が息づく場所を整備するにあたっては、まず、その原風景を意識しながらも、不特定多数の人々に配慮した計画が必要になる。そのことで、いつの時代にも親しまれる魅力ある施設が生まれると思う。去る沖縄戦で灰燼に帰した歴史的建造物や文化財建造物は関係者の努力もあって、徐々にその姿が蘇ってきている。

先人たちが創り上げた施設が歴史的景観となっている今日、それを現代の空間にどのように生かすかというのは今日的テーマであり、その試みは各地域で推進されている。

用語解説

※1　安国山樹華木記碑（あんこくざんじゅかぼくのきひ）

尚巴志代の1427年8月に建てられた沖縄における最古の金石文。龍潭掘削などの年代を知る史料として重要な碑である。

※2　懐機（かいき）

中国から琉球に来た人物と言われている。尚巴志王代に国相になり、尚金福王代まで仕えた。龍潭や長虹堤の建設などに関わっている。当時の史料などから、国王と並ぶほどの権威があったことがわかる。

※3　『冠船之時御座構之図』（かんせんのときござがまえのず）

沖縄県立博物館所蔵。1866（同治5）年に作成された文書。「寅の御冠船」を迎えるにあたり、冊封使が利用する施設を中心に、イベントを行う会場の配置を示した史料。当時の冊封式典などの様子が臨場感をもって伝わってくる。

※4　円鑑池の排水

円鑑池の水面は龍潭より高い位置にあり、現在、龍淵橋アーチ門下の石積の目地から水がにじみ出て、その水が龍潭に流れている。防水上の対策が望まれる。

※5　弁財天堂（べざいてんどう）

朝鮮から贈られた方冊蔵経を納めるために創建された。1609年の薩摩侵入のとき破壊されたが、1621年に再建され、円覚寺の弁財天像を安置した。去る沖縄戦で焼失したが、1968年に復元された。正面が縁側風になっており、方形造の屋根には陶器製の露盤と火焔宝珠が乗っているのが特徴である。

参考文献

徐葆光著　原田禹雄訳注『中山伝信録』

李鼎元著　原田禹雄訳注『使琉球記』

鎌倉芳太郎『沖縄文化の遺宝』

『沖縄大百科事典』沖縄タイムス社

琉球独特の工夫をこらした庭園

～世界遺産・特別名勝「識名園」～

古塚達朗
Tatsuo Furuzuka
那覇市教育委員会生涯学習部文化財課 課長

■その概要

識名園は、一般にはシチナヌウドゥン（識名御殿）と呼ばれ、琉球王家最大の別邸で、国王一家の保養や外国使臣の接待に利用された。１７９９（尚温５）年につくられ、１８００（尚温６）年に尚温王冊封のために訪れた正使趙文楷、副使李鼎元をはじめて招いた。

王家の別邸として、17世紀の後半、首里の崎山村（現、首里崎山町）につくられた御茶屋御殿が、首里城の東にあったので、「東苑」と呼ばれたのに対して、識名園は首里城の南にあるので「南苑」とも呼ばれていた。

識名園の造園形式は、池のまわりを歩きながら景色の移り変わりを楽しむことを目的とした「廻遊式庭園」で、草書体の「心」という字の形に掘られた池（心字池）を中心につくられている。この様な廻遊式庭園は、近世に現われた日本の造園形式であるが、心字池に浮かぶ島には中国風四阿の六角堂や大小のアーチ橋が配され、琉球独特の工夫を見ることができる。

昔の識名園

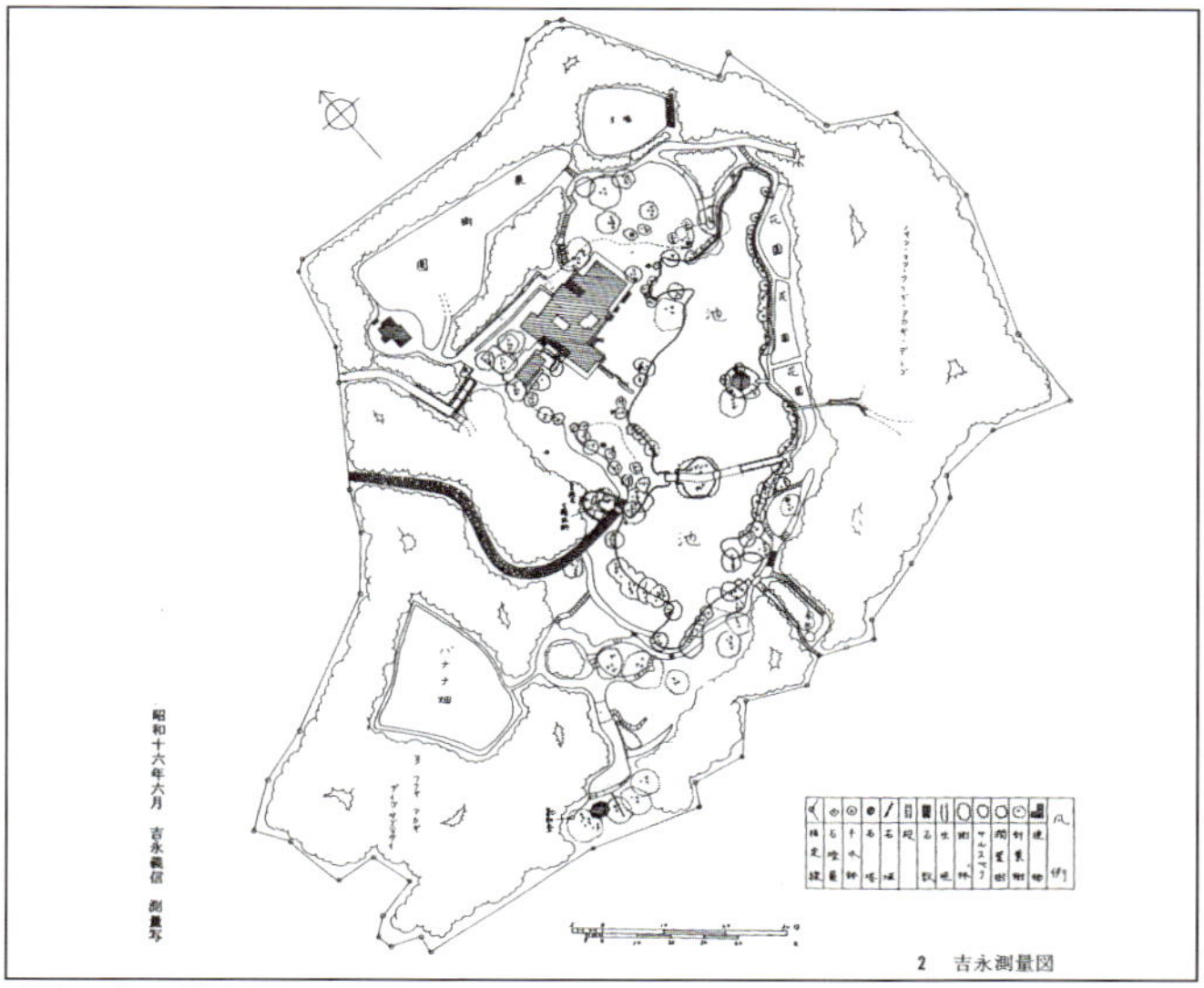

昭和16年の識名園の測量図

また、春は池の東の梅林に花が咲いてその香りが漂い、夏には中島や泉のほとりの藤、秋には池のほとりの桔梗が美しい花を咲かせ、「常夏」の沖縄にあって四季の移ろいも楽しめるよう、巧みな気配りがなされていた。

1941（昭和16）年、国の名勝に指定されたが、去る太平洋戦争によって破壊され、廃園同然となってしまった。1975（昭和50）年から整備が進められ、翌年1月30日、再び国の名勝に指定された。2000（平成12）年3月30日、沖縄県で初めての特別名勝に昇格。同年12月、ユネスコの世界遺産「琉球王国のグスク及び関連遺産群」の1つとして登録された。

指定面積は4万1997平方メートルで、そのうち御殿をはじめとするすべての建物の面積は、合計で643平方メートルとなっている。

■「ぶらり歩記」番屋、そして門へ

園路に従って入口をくぐると、まず左手に番屋が見える。ここは、番人が詰めていたところである。今風にいえば、2LDK。3畳と4畳半の部屋が中心で、床の間や縁側があり、ゆったりとしている。

門は、薬医門《やくいもん》で、ヤージョウ(屋門)と呼ばれ、格式のある屋敷にのみ許されていたものであった。

番屋の側にあるのは脇門で、園内に働く者たちの出入りする通用門であった。さらに進むと本門があり、こちらは、国王や冊封使などの出入りする門。この本門は、戦前までは屋根のない黒い木門(キージョウ)であったともいわれている。

■本門から御殿へ

ゆったりとしたS字形の石畳道は、左右から樹木が覆い、まるで緑のトンネルをくぐっているようである。首里金城町などの石畳道と異なり、一つ一つの石が人の拳くらいの大きさで、その表面はゴツゴツした荒さを留めている。もとは、この上にイシグー(石粉)で突き固めた舗装がなされていた。

この石畳道は、奥行きがあるかの様な感覚を増幅させる中国庭園に見られる典型的な技法を用い、S字状にくねらせている。それと同時に、琉球における民間信仰にいう、ヤナムン(嫌なもの)あるいはマジムン(蠱もの)と呼ばれる邪悪なものが、屋敷内に侵入することを防ぐため、道を湾曲させることで阻んでいるのである。

石畳道を抜け、視界が広がったところに、育徳泉が清冽な水をたたえ、琉球石灰岩を沖縄独特の「あいかた積み」にしているのである。正面の井戸口やその背後の石積みは、巧みな曲線が優美になっている。単に美しいというだけではなく、背後からかかる土圧を巧みに分散する技法でもある。

井戸口の上には、2つの碑が建てられている。向かって右は、1800年、尚温王の冊封正使趙文楷が題した「育徳泉碑」で、向かって左は、1838（尚育4）年、尚育王の冊封正使としてやってきた林鴻年が題した「甘醴延齢碑」である。

また、育徳泉は、淡水に育つ紅藻類「シマチスジノリ」の発生地として、1972（昭和47）年5月15日、国の天然記念物に指定されている。

さて、築山の背後を塹濠のように切り割った道を御殿へと向かうと、はじめは整然とあいかた積みにされていた石垣が、徐々に崩れ、石を積んで構成された中国的な築山を連想させる。そこを抜けると、まさに壺中天ともいうべき、すばらしいパノラマが広がるのである。

育徳泉

御殿大廊下からの「框景」

■御殿を見る

御殿は、往時の上流階級のみに許された格式あるつくりになっている。例えば、外観からいえば、屋根の角を漆喰で塗り、少しはね上げてあるところなどにその格式を見ることができ、この部分をカキミンドゥという。

その一方で、雨端の柱は、自然にあった木の形を生かし、民家風のつくりを取り入れ、ひなびた風情を見せる。この柱の下の方を見ると、根の部分であったことがわかる。土に埋まっていた根の部分は、湿度に強いため、このように柱をつくっているのである。

御殿の総面積は、525平方メートル。冊封使を迎えた1番座、それに連なる2番座、3番座、台所、茶の間、前の1番座、2番座など15もの部屋があり、20世紀の初頭に、増改築がなされている。この御殿は、太平洋戦争直前の遺構をもとに、写真や文献、証言などに基づいて復元されている。

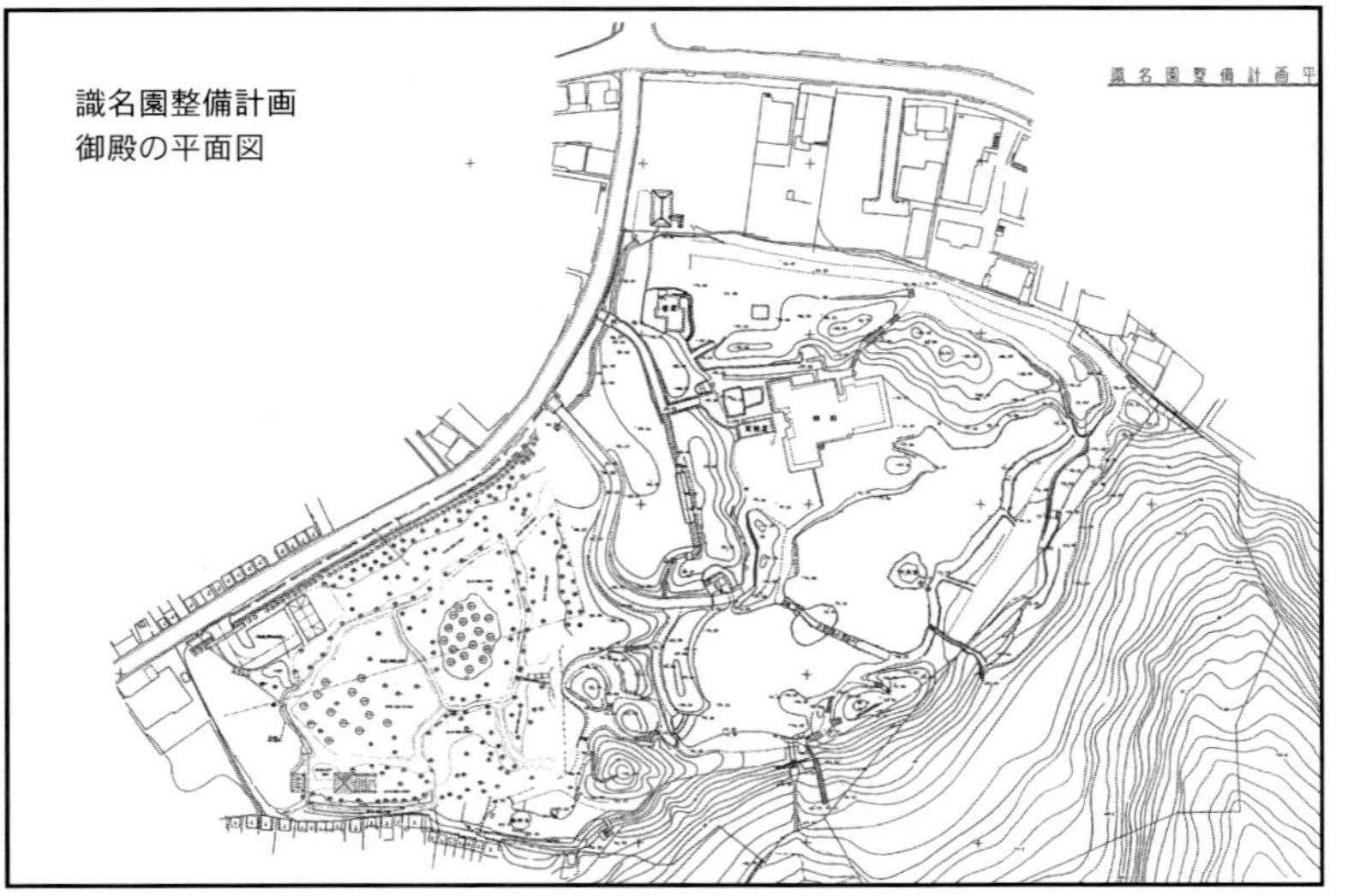

識名園整備計画
御殿の平面図

まず、玄関から上がると、床が高く、風通しよくつくられている。玄関右手の目隠しは、最上部の1本だけが、上へ跳ね上がっている。日本的な発想がここにある。

中庭を左手に、右手に庭をかいま見ながら、3番座、2番座、1番座へと進む。押し上げ戸から見る風景は、まるで一幅の絵のようで、中国庭園の技法「框景」を思い起こさせるものである。

普段の1番座は、周囲の鴨井に御簾が巻き上げてあり、国王が滞在しているときだけ、それを下げていた。また、2間幅の床を背に、その前には5寸上げた半畳の、アギウタタン（上げ畳）が置かれ、国王はこれに座る。

1番座を中心に国王が出入りする部屋は、すべて框を2段にし、その高さは、合わせて5寸で、他の民家などには見られない。

1番座を含め、御殿の建築材は、主としてチャーギ（槙）を用いている。チャーギは禁制材であり、王家の別邸である故に、存分に使用することができたのである。

1番座を裏へまわると、御裏座には床と違い棚があり、国王が休息した部屋がある。

御殿の写真（『沖縄昭和10年代』坂本万七より）

御裏座の隣が裏座2番。ここは、冊封使を歓待した際、便所として利用された。

識名園の古い図面には、便所がない。現在復元された御殿にはつくられているが、後世、改築がなされた時につくられたものと考えられている。

御台所（グデージュ）では、板の間にある大きなまな板が目につく。その床下には、板を曲げてつくった大きな樋があり、残飯はそこへ落し、まな板をここで洗い、排水もろとも外の水溜めに流せるようになっていた。

土間を見ると、大きな焚口が2つと小さなものが4つあり、かなりの量の料理がつくられたことを偲ばせている。

この台所には、天井がなく、煮炊きに伴う熱や煙が天井裏にまわる仕組みで、その熱で乾燥して木材が丈夫になり、煙によって害虫も防ぐこともできたと伝えられている。

台所を順路に従って抜けると、2段框の茶の間がある。ここには炉が、ほぼ中央に仕切られている。このような部屋をウチャヌニーヌウェーマといい、いわば茶話室であったと伝えられている。

その隣が前の1番座で、冊封使の一行が到着し、国王が庭で出迎えた後、最初に入る部屋であった。

ところで、畳の縁は、床に垂直にすると縁起が悪いといい、必ず平行になっている。これは他の部屋でも同様。しかし、天井の桟は、床に向かって垂直になっている。日本の武家屋敷では、そのような部屋は1つだけあり、切腹の時に使用するといわれている。

■石橋から勧耕台へ

はじめに渡る小石橋は、岩山のように自然石の形を生かした組み合わせ。次の大石橋は、石を整然と切り、巧みに組み上げている。このように、両方とも整然とした形にせず、どちらかを崩した形にするところにも、日本的な発想が感じられるが、橋そのものの意匠は中国的である。

小石橋（左）と大石橋（右）

これらの石橋は、いずれも琉球石灰岩を用い、アーチは琉球独特の積み方で、石材の組み方が他の地域とは異なっている。また、階段の踏み面に傾斜がつけられているのも特徴的である。にわか雨が多いため、このように傾斜をつけて雨水を早く流すように工夫していると伝えられている。

ところで、小石橋は、海岸にあって波涛にさらされた琉球石灰岩が用いられており、その姿は、中国の太湖石に酷似している。一方、大石橋からは、堤が延びており、中国の代表的景勝地の西湖に配されている蘇堤や白堤の縮景と考えられている。

両方の橋の間にある中島から、池の東側を眺めると、二等辺三角形の底辺から、頂点に向かうように見える。つまり、透視法によって奥行きを見せているのである。その方法によって、水が東を上流としている川の如くに見える。そのため、1番座から眺めた時、左手から右手に流れているかのようにつくられている。これは、日本庭園における手法の1つである。

さて、次に六角堂は6角形の宝形造で、屋根に葺かれた瓦は、中国風に黒く塗られている。明治時代末の絵葉書から、以前は入母屋造であったことがわかる。

六角堂へは、琉球石灰岩を切り出してつくったアーチ橋を渡る。民芸運動を率いた柳宗悦は、この石橋について、「…小品ではあらうが、之まで美しさは充ち充ちてゐる。」と絶賛した。

南の築山からの眺めが、最もいいのが識名園の特徴であり、周囲は深い緑に囲まれ、池には御殿の赤い甍が写り、浮世からは隔絶された楽園の様である。

池の汀の部分を見ると、琉球石灰岩をあいかた積みにしており、琉球庭園の特徴を示している。水の湧き出る北側は、石積みをそのまま露出させ、南側は漏水を防ぐために漆喰を塗っている。

六角堂

滝口を経て、舟揚場へ。この舟揚場は、扇状に石畳が汀線に沈んで行くようにつくられている。緩やかな段が延び、扇形に広がりながら水の中へ沈んで行く姿は、往昔の人々の美意識を物語る。

欝蒼とした森の中を抜け、勧耕台へ。この高台から、南部方面の大パノラマを臨むことができる。海抜約80メートルの高台でありながら、海を見ることができないのである。かつて、中国からやってきた冊封使たちは、このような高台からまったく海が見えないため、琉球も結構な広さの国土を有しているのだと驚いたと伝えられている。先人たちのジンブン（知恵）に感

舟揚場

識名園全景

服するばかり。
勧耕台側に建つ碑は、１８３８年に尚育王の冊封正使としてやってきた林鴻年が題したものである。

■ 一度といわず二度、三度

「一度行ったから、もういい」といわず、何回も足を運んでいただきたいのが識名園である。たった１日をとっても、東から西へと移ろう太陽の光が、微妙に木々や六角堂、橋や御殿の陰影を変化させる。雨には雨で、小雨、大雨、それぞれに趣を変える。晴天も、四季によってスカイラインの彩りに味わいが異なっていくのである。

時々刻々、諸行無常とは、正しくこのこと。常なるものは、識名園にはない。耳を、目を、鼻を…、五感のすべてでその移ろいを捉え、楽しんでいただきたい。きっと、忘れかけていた肝心（チムグクル）を取り戻すことができるのではないか、と思うのである。

勝連城跡

～勝連城の普請《ふしん》と作事《さくじ》～

上原　靜
Shizuka Uehara
沖縄国際大学総合文化学部
社会文化学科助教授

■はじめに

勝連城跡は沖縄本島東海岸の与勝半島に所在する世界文化遺産（琉球王国のグスク及び関連遺産群）の一つである。標高が約98メートルの琉球石灰岩丘陵上に築かれたこのグスクからは、北は遙か金武湾を囲む北部の山々や太平洋側の島々を望み、南は知念半島や中城湾がひかえ、それを隔てて政敵である護佐丸の居城、中城城が一望できる実に気宇壮大な城となっている。

勝連城に関する記録は少ないが、古歌謡の『おもろさうし』によれば日本本土の京都や鎌倉にたとえるほどの繁栄の様がみえる。また、優れた航海技術で奄美諸島地域との経済交流を独占し、首里と対比するほどに栄えた様相をして民俗学者の柳田国男は、西の那覇・浦添文化に対して、東の勝連文化として特筆してみせた。この柳田の指摘を契機に、１９６５年から3カ年にわたり琉球政府文化財保護委員会による発掘調査がおこなわれ城の成り立ちが明らかにされている。１９７２年の日本本土復帰後は国指

勝連城跡

定史跡として保存と活用が図られ、現在まで保存修理がおこなわれ、かつての城郭の姿が蘇りつつある。本節ではこれまでの発掘調査で明らかにされた勝連城跡の普請と作事についてみてみたい。

城郭の姿

勝連グスクはほぼ東西に展開する丘陵の端部と一部の谷間を巧みに利用したグスクで、その外観は巨大な進貢船にも例えられる。丘陵の西端の最も高い郭が1の郭で、漸次東側へ2の郭、3の郭、4の郭と階段状に低くなり、東の郭で再び高くなる。現在車両を乗り入れることが可能な谷間にあたる郭が4の郭である。本郭には城の命運にかかわる井戸が5箇所あり、かつて城外と結ぶ城門が南側（南風原御門）と北側（西原御門）に開口し、城の生活機能の確保と最前線の守備施設を備えていた。この谷間の4の郭から3の郭には細く長い石畳道が城壁沿いに造られ、上り詰めた部分に内郭の門が存した。

この門は礎石の有り様から4本柱の薬医門※1が想定される。この門を進むと3の郭で、この郭からは2の郭も同一の視界に入る。下段の3の郭、上段の2の郭というフロアーの違いをみせる。この段差には境界を示すように切石の石積みが築かれ、そして強固な石積み階段が取り付いている。この階段の踏み面は斜めに成り琉球独特の様式をなす。2の郭には建物が建ち、3の郭がその前面の広場に相当する。つまりこの両郭は一体のもので、現在復元されている首里城の正殿と御庭の配置と共通している。両郭の段差の境を仕切る石積みは建物の基壇※2ということになる。建物のある2の郭から1の郭には基壇後方の細い石畳道と石階段を伝って上る。この1の郭の城門はアーチ門形式で、切石面に捲き髭状の彫刻が施された類い希な城門であった。

■普請と作事

次に勝連城跡の目に付き難い普請と作事をみてみよう。グスクの築かれる以前の丘陵は、石灰岩が林立する岩山であった。12世紀以降1の郭では岩塊を削平造成し、石灰岩の凹や割れ目に割取った礫をつめ、その後石灰岩石粉をいれ地拵えを行っている。そしてそこには柱を直接地面に埋め込む様式の掘立柱建物※3(穴屋)を建築した。この様式の建物は他のグスクや集落でもおこなわれたごく一般的な構造の建物である。なお、その時期、丘陵の崖縁にはまだ強固な城壁はなく、柵の列や野面の石積みをめぐらせていたものとみられる。その後14世紀頃に、琉球石灰岩を加工する技術を獲得し切石の城壁をめぐらせる。また、内郭にはこれまでの掘立柱建築様式とは異なる、柱の下に石を置く様式の礎石立建物※4(貫屋)を築造した。この様式の建物は先の掘立柱に比べ、地下の湿気から遠く腐食しにくいため、格段に長持ちし、建物そのものも大きく、格のある構造建物となった。ただこの郭の建物に関する遺構は著しく破壊されていて、大きさや規模については不明である。ただし、屋根には黒色の屋根瓦が葺かれていたことは間違いない。出土瓦は日本本土の中世に流行

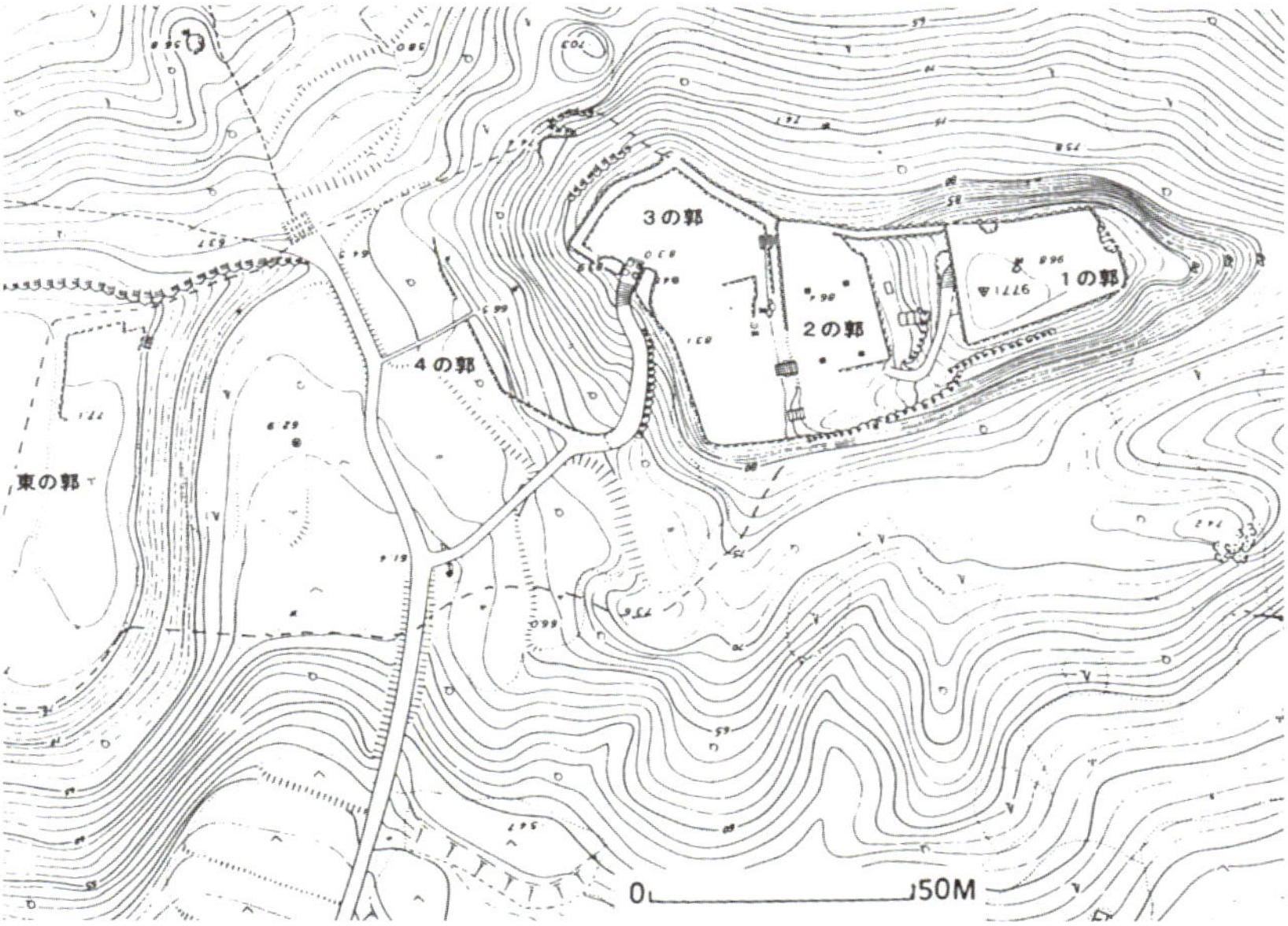

勝連城跡 城郭平面図

勝連城跡から出土した大和系瓦

したものと同じ巴文や唐草文様のある軒瓦、一枚造りの平瓦（女瓦）、模骨造りの丸瓦（男瓦）、さらに鬼瓦などであった。つまり本格的な瓦葺建物が存在していたのである。ただ興味深いのは、瓦の表面には南海産のサンゴ砂が付着し、本土中世の一般的な均等唐草文様がここでは左右非対称的な文様になる。また、丸瓦の表面には高麗瓦に似た文様が多数施され、軒丸瓦当の裏側が著しく厚く造形されるなど違いがみられ、日本本土の製作技術を踏襲しつつも変容が進んでいることである。さらに、全く技術系統の異なる高麗瓦そのものが使用され、屋根葺き技術にも独自性が表れ、その建物はいわば沖縄化した独特の景観を呈していたものと思われる。最も高く目立つところに位置し、彫

建物があった２の郭と３の郭の広場

刻を施した石門を築いている点も考慮すると、日本の望楼的な形と城の権威をみせるような宝物殿的な機能を有する建物ではなかったかと想像される。

次に、２の郭にも建物が存在した。現在に残る基壇上面の礎石から建物は東向で、横行き17メートル、奥行き14・5メートルの大きさである。首里城正殿のような柱の多い構造の総柱建物で、瓦葺きの仏殿風建物であったことが推測されている。なお、この建物が建つ初期の地形は東側へ傾斜していて、低い前面部に土留めの石積みを築き、その内部に土を入れ整地面を確保する作業を行なった。つまり3の郭正面の基壇化粧石積がそれである。なお、この基壇は新旧二枚の石積みからなる。これは少なくとも二度の普請と作事が行なわれていたことを物語る。現在階段が北側と南側で異なる基壇に付いている点はその辺の事情による。なお、この2の郭の建物は郭内の配置と規模から政治的な表舞台を演出する施設だったと考えられる。

３の郭は広場として機能していることを既に

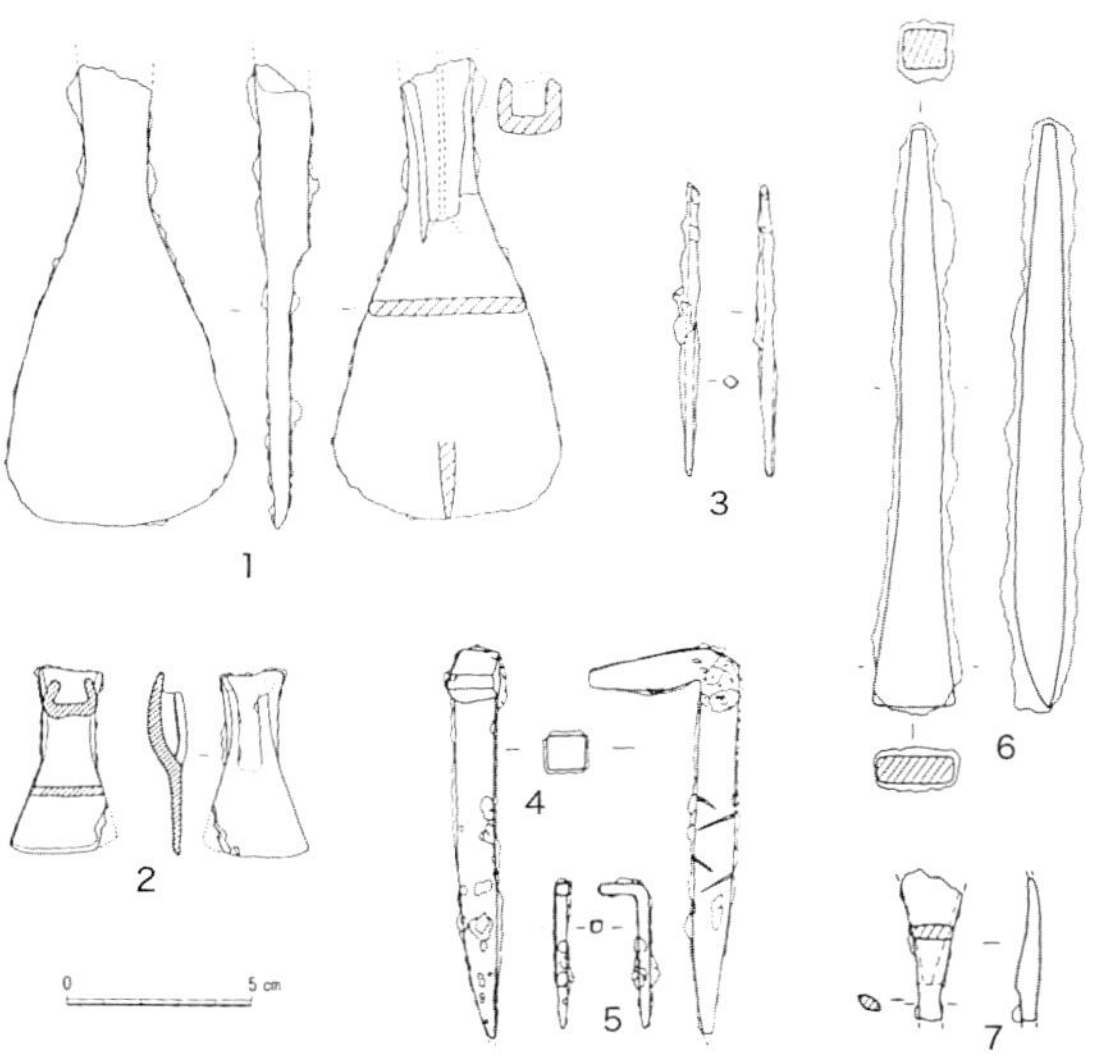

建築金具塁　1：掘り具　2：斧　3：錐
4、5：角釘　6：鑿　7：槍鉋

述べたが、その広場が造成される以前の掘立柱建物の時代は、円形の貯水施設や大きな竪穴建物が造られ、より生活感のある空間であった。

次に建物を囲む城壁についてみてみよう。グスクの石積みは平面形が曲線を描き、城壁の隅は丸く、本土のような角はみられない。また、城門の形がアーチ門形式である。まず、城壁には弱点にもなる出入り口があり、その部分を強固にするため最も焼け落ち難い石門形式にしたのである。城壁の天場には胸壁や、狭間を設け、さらに馬面やバルコニー状の突出部分を幾重も造り出し、城外の敵に対する複雑な応戦を考えての施設を築いた。

前述のグスク普請[※5]や作事[※6]は発掘による遺構から語られるものであるが、他方出土遺物からも理解することができる。つまり加工具の発達も密接に関連していた。堅い石灰岩を巧みに、大量に加工し得る鉄器の登場であり、その背景の鍛冶技術の獲得である。また、建築にあっても、構造物を大きく組み上げることを可能にした均等な木材の大量の確保であり、礎石や梁の上を真っ直ぐに通る材を加工しうる建築道具と技術を欠いてはなしえなかったものである。県内グスクから斧、鑿、槍鉋、鋸、鉄釘、鎹、飾り金具類などの出土がその関係を裏付けている。

勝連城の想定復元図（藤井尚夫氏作図）

■おわりに

以上、勝連城跡を概観し、グスク普請、作事を紹介した。この時代の特徴として、現場における原材料を最大限に活用している点である。例えば削り出した石灰岩は、基礎地業や城壁の素材に利用し、土砂の搬入出もグスク内でおこなっている。また、増改築においては、極力以前の構造物は撤去することはない。基本的には埋め潰してその上面ないし、前面部分に拡張するかたちで新たに建造するのである。発掘調査において石垣の中に古い石垣やその他の構造物が発見される例はまれではない。一旦造ったものを全て取り払い更地にしてから造るという現代の大型機材を用いた工法とは異なる。資源の乏しい地における無駄を省いた合理的な工法である。約五百年経った現在でも遺跡上に厳然と存在し、現代の積算基準で計ることができない確かな工法であった。

ところで、増改築のみられる勝連城跡において、城壁の規模が縮小された段階は、最も繁栄を誇ったとする按司の阿麻和利の時代であり、口碑伝承とは違う一面がみられる。緊迫した当時のグスクの経営において金城鉄壁の構えをみせつつも、実際には台所事情が厳しかったのではないかと想像されるのである。

用語解説

※1　薬医門（やくいもん）
主柱と控え柱の計4本の柱の上に、横木や梁などを組み合わせた切妻屋根の門。門の中心がやや前方に片寄る。

※2　基壇（きだん）
大型建物の重量を支えるために築かれた盛り土による台。

※3　掘立柱建物（ほったてばしらたてもの）
地面に柱穴を掘って柱を立てた掘立柱式の建物。

※4　礎石立建物（そせきだちたてもの）
家屋の柱にかかる荷重を受ける礎石を用いた建物。

※5　普請（ふしん）
大勢の力を合わせて堂塔を建築したことから、転じて土の工事のこと。

※6　作事（さくじ）
家屋などの建築をしたり、修理したりすること。

山原の村落風水と風景

中村誠司
Seiji Nakamura
名桜大学国際学部 教授

沖縄の風水

山原の風景も、戦後、とくに1972年の復帰以後大きく変わってきた。一言でいうと、コンクリートとブロックとアスファルトで風景が灰色になり直線化してきた。この小論では、山原の風景、とくに私たちが生まれ育った集落の風景の元の姿を「風水」をキーワードに、いくつか話題を提供してみたい。

ここでいう「風水」は、昨今流行している金運・幸運をすぐ求めたり、オフィス・インテリアの風水ではない。近世期沖縄が中国から受け入れた「風水地理」、つまり自分たちの安心・安全・幸福を目的に、気の流れ（地形）を読み取り、最適の立地条件を求め修復する知識・技術の体系をさしている。この風水知識・技術の経験と歴史は、現代の日本では個性的といえる。「風水」が伝承、あるいは集落や墓の風景や形として残っているのは、日本では沖縄だけである。

沖縄では、風水地理の知識や技術を、中国に留学生を派遣するなど17世紀に積極的に取り入れ、18世紀前半蔡温の諸施策に具体化され、19世紀後半には広く各地の庶民に普及した。現代では、断片的に大工・石工さんたちや三世相（サンジンソー／沖縄易者）に伝承されつつ、しかし沖縄の風景の骨格には確実に刻み込まれている。

■風水地理師・蔡温と風水知識の普及

沖縄に風水知識が中国からいつ導入されたかはっきりしない。ひとつの手掛かりは、14世紀の後半、福建地方から沖縄に移住してきたとされる「閩人《びんじん》三十六姓」（那覇の久米村に居住）に由来する可能性がある。１６０９年、島津（薩摩）侵入により古琉球体制は大きく組み替えられるが、半世紀を経るなかで、琉球国の自覚と再編が進められた。薩摩の政策を背景に、琉球国は積極的に中国との交易・交流を再開し、そのなかで意欲的に中国の文物を受け入れていった。その一部に、風水地理知識があった。

蔡温（１６８２〜１７６１）は、18世紀前半琉球の国政を担った政治家・行政家であるが、中国留学で風水地理を学んだすぐれた風水師・技術者である。蔡温の風水地理は、現代でいえば、国土経営論、治山治水を中心とする土木工学、山林経営論、地域計画論、地理学、環境立地論などを包含するものであった。若くして首里城等の風水を見分け（１７１３年）、王国の中枢にあって担当した国家的事業をみても、１７３５年羽地大川改修工事、１７３７年〜杣山の現地調査と制度の確立、１７３７〜50年元文検地など、高度で現実的かつ組織的な風水地理の知識と技術の展開であると評価できる。

近世琉球において風水は、「公」の学問・技術であり、王府が管理しつつ、久米村の人々に委ねられていた。つまり、王府機構には組み入れられず、１７８７年に至っても、王府は久米村に対して重ねて風水学の習得とそれを国用に役立てることを指示している。翌１７８８年には、村落移動を王府に申請する際には地理（風水）師の証明書を添付するように命じられる。

名護市屋部の風水図

それでも、王府に風水を担当する部署が設置されるのは、ようやく１８３９年のことである。風水知識と技術は、近世を通して久米村に任され、久米村の人々が学習・伝承してきた。

風水知識が、地方の庶民層に広まるのは、19世紀半ば以降のことと考えられる。八重山においては、１８６３年に王府から派遣された久米村の与儀通事親雲上鄭良佐が波照間と与那国を除く全村落（47村）の風水を見分け（診断）ている。同じころ、１８５０年代から80年代にかけて山原においても、地元の招請を受けて久米村の神山里之子親雲上や与座通事親雲上らが村落・屋敷・墓の風水を見分けている。この時期、久米村の風水師（フンシーミー＝風水見）らが全琉各地に招かれ、風水見分けに活躍したものと推測される。18世紀後半以降、沖縄においても災害が多発し、農業生産は低下し、村々は疲弊していた。その原因を、人々は風水が悪いからとし、風水師の見分けを仰ぎ、村落の移動や屋敷・村落空間の修復を実施した。それは時代の知識であり、王府の施策とも合致するものであった。地元の人々は、風水師の意見を聞き、知識を受け入れ、指摘された問題箇所を修復していくなかで、自分たちの村の地形や立地、集落空間や屋敷や墓について風水知識を蓄えていったことだろう。

現代につながる集落の風景は、大きくは蔡温時代の諸施策に始まり、公的な指導と地域的な招請による風水知識の受け入れと修景・修復を重ねたことによっても形づくられてきたといえる。

■山原の風水伝承

このようにして庶民層に広がった各地の村にまつわる風水伝承をいくつか紹介してみる。

名護市屋部に渡波屋という、かつて海に屹立した海抜10メートルほどの岩礁がある。そこは屋部の拝所・風水所でもある。１９６０年、屋部出身のハワイ移民である比嘉徳元さんが屋部に基金を寄贈し、それをもとに渡波屋の公園整備が実施された。その完成を記念して、この渡波屋をめでる琉歌を募集した。その一つに、「吾が村の風水　かれよしの渡波屋　内外も揃て　千代の栄」（儀部真幸）が選ばれ、石碑に刻まれている（渡波屋賛歌碑）。「吾が村の風水」とは、自分たちが住んでいるこの村の立地、姿のことで、それが美しいのだと詠っている。

「村ぼめ」の感覚はいまでも沖縄の古老に共通してあり、その自負と感覚は大切だ。

このようなわが村の「風水」評価と伝承はいつごろからのことなのだろうか。私も気をつけて山原の村々の古老の話を聞いてきたが、「風水」の話はなかなか出ない。話の中である拍子に、「そういえば」と風水の話題がでたりする。例えば「ヒーザン（火山）」である。沖縄各地に「ヒーザン」伝承は多い。本人が、風水とは意識しない伝承がたいへん多い。それを細かく拾い、評価をしていくことも、今後の私たちの仕事である。

次に、大きくは龍と大蛇、小さくはシーサー・ヒンプンなどの事例を紹介してみたい。先に触れた名護市屋部では、屋部寺を龍の口に想定し（旱魃＝雨乞いと火事の伝承がある）、集落全体を囲むクサテ森と、東屋部川に火山（ヒーザン）を設定している。渡波屋は、東屋部川・西屋部川の接点に位置し（風水所）、まさに理想的な村風水所である、と当時の風水師は診断した。近世琉球が受け入れた中国の「風水」

テキストは数多くあるが、ここはよくテキストに適合している。山―川―低地（水田）―集落―海岸―海へと一つの小さな単位で展開する山原の地形は、風水でいう龍の姿そのものである。その源の気が発する所を、各村々の御嶽に想定しているのが山原・沖縄の村落風水の特色である。恩納村安富祖は、恩納岳を主山とし、そこから地脈が海に至る東の山裾に水森、西に火森を配置する、雄大な風水空間を伝承している。

龍の伝承があるのは羽地の田井等である。拝所を軸にして、北（中国）に向かって龍脈を想定している。久志の辺野古にも龍伝説が伝わる。大宜味村津波には大蛇伝説がある。集落の東側の山には、今も所々大きな松が残っている。この山並みから国道58号と津波小学校を越えた岬が大蛇の頭という。現場を訪ねたら、大蛇の目（自然洞）は4つあった。国道で首を切られ、かつての風水説では力が弱くなったとされるが、今はどうだろうか。

いま一つの話題は「悪風」に対する伝承と装置である。ヒンプン・シーサー・石敢当などといってきた。嫌な風（悪風）が自分の屋敷や集落に入ってくるのを避けることは、人々の重要な関心事であり、さまざまな装置と儀礼（祭事）をつくってきた。屋敷については、外からの悪風をはね返す装置として、門の内側にヒンプン（屏風・返風）を設けたり、屋根や門柱にシーサー（獅子）を置く。小路の突き当たりに置く石敢当も同じような考えからである。シーサーと石敢当は村落レベルのものがある。沖縄各地に見られるムラシーサーは、悪い気を発するとされる尖った山（ヒーザン＝火山）に向けられている（記録では１６８９年の東風平間切富盛が初出）。石垣島の川平では17世紀前半に同じ発想で、シーサーではなく石を配置して対処している。

現在では、よほど注意して耳を傾けないと聞けないが、山原でも「ホーグ」「ポーグ」という言葉が伝えられている。近世の公的な用語で、漢字では「抱護」と書く。集落を大きく取り囲む林のことを指し、多く松が植栽され厳しく管理された。一般にいわれる蔡温松はこれに含まれる場合が多い。現代でいえば防風林・防潮林・風致林に相当する。この抱護林による村落風水の管理・修復の方法は沖縄に特徴的であるという。山原で最もよく残されているところは国頭村の辺戸だが、少し目を凝らすと各地に見ることができる。一昔前まで、集落の背後の尾根筋に連なっていた松並木がこの抱護林である。

■集落形態の特徴
―ゴバン型集落の形成と構成

沖縄の集落形態の特徴は、仲松弥秀氏によると、一般の農村集落（平民百姓村）はその6割以上がゴバン型（ブロック型）の集村をなし、その成立は１７３７年以降という。それは王府の指導によるもので、明和の大津波（１７７１年）で大被害を受け、集落再建をした八重山と宮古に顕著という。沖縄本島や離島においても、１７３７年以降に移転または拡張した集落はゴバン型をなしている。八重山では、ほとんどの集落が見事にゴバン型をなすとともに、背後に抱護林を抱え、集落は南西方向に向いている。

いま一つの特徴は、伝統的集落においては、カミ観念・社会観を反映して、御嶽と村落祭祀に関わる元屋・旧家が集落の一番奥に位置し、そこから分家が前方・下方に末広がり状に配置されていることである。ゴバン型集落の伝統は、戦後に移動・創設した集落にも引き継がれたが、

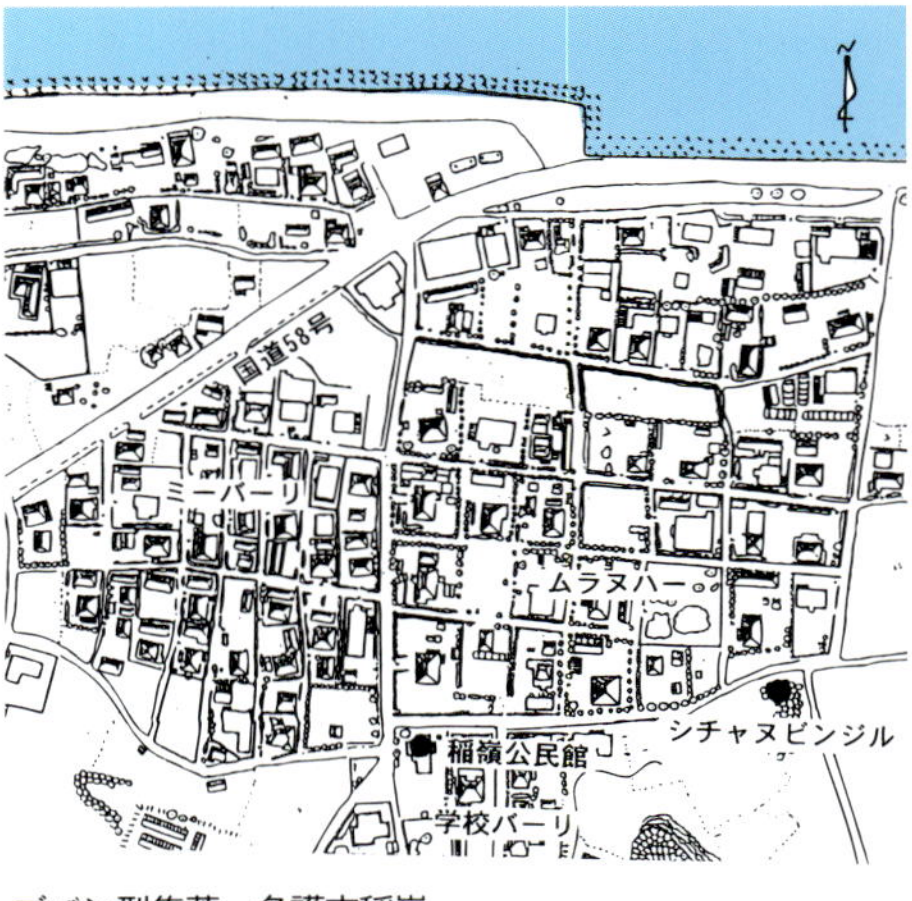

ゴバン型集落　名護市稲嶺

カミと祭祀に基づく文化的・社会的配置は崩れた。

ゴバン型の集落を詳しく眺めると、3屋敷程が隣り合ってブロック単位をつくり、それらが多く集まって集落を構成していることがわかる。中筋といわれる長軸の道はゆるやかに湾曲している。また短軸の道も微妙に見通せないように作られている。これは、台風や冬の季節風を防ぎ、また地形や屋敷林とも関係するが、風水説では道は少し曲がっているのが「吉」とされる。

かつて庶民の間で、一般的に望ましい屋敷の条件は、南向きで、横長の形がよいとされた。屋敷の周囲が道に囲まれるのは孤立するのでよくなく、数屋敷が並ぶことを選んだ。しかし、数屋敷でブロックを構成し背中合わせになると、母屋を南向きにできない屋敷が生じる。ゴバン型集落という条件のなかで、各地でさまざまな工夫がなされてきた。安心・安全・快適を求める庶民の風水文化の応用であろう。

山原・沖縄の集落と屋敷風景をきわだたせるものの一つに福木の屋敷林がある（屋敷抱護）。葉が厚く、常緑広葉樹で高木の福木は、近世以降防風・防火用として屋敷林に普及・活用されてきた。これも、蔡温時代の産物と伝承である。

福木と集落の道。ゆるやかに曲がっている。名護市稲嶺

名護市汀間。典型的なゴバン型集落。集落の三つの隅に村を護る大きな石敢当が配されている。

村落を囲むクサテ森の稜線や目立った丘には松が植えられ、維持管理されてきた。この抱護松は、風や潮を防ぐ機能だけでなく、「気」をため「脈」を保護・造成する意図がこめられていた。

山原の各集落に共通するもう一つの特徴は、とくに

１７３７年以降移転・創設した集落に顕著であるが、集落中心（センター）を持っていることである。近世に起源し現在に生きる集落空間として、村屋（字公民館）・神アサギ（祭祀場）・広場・共同店などを、集落の中心地に設置してきた。字の自治と運営の拠点である字公民館と事務所、エイサーや豊年祭・年中行事の場、あるいは近年はゲートボール場が、小さなシマ社会において連綿と確保され、充実されてきた。この歴史と現在と未来を、私たちは自信をもって自己評価する必要がある

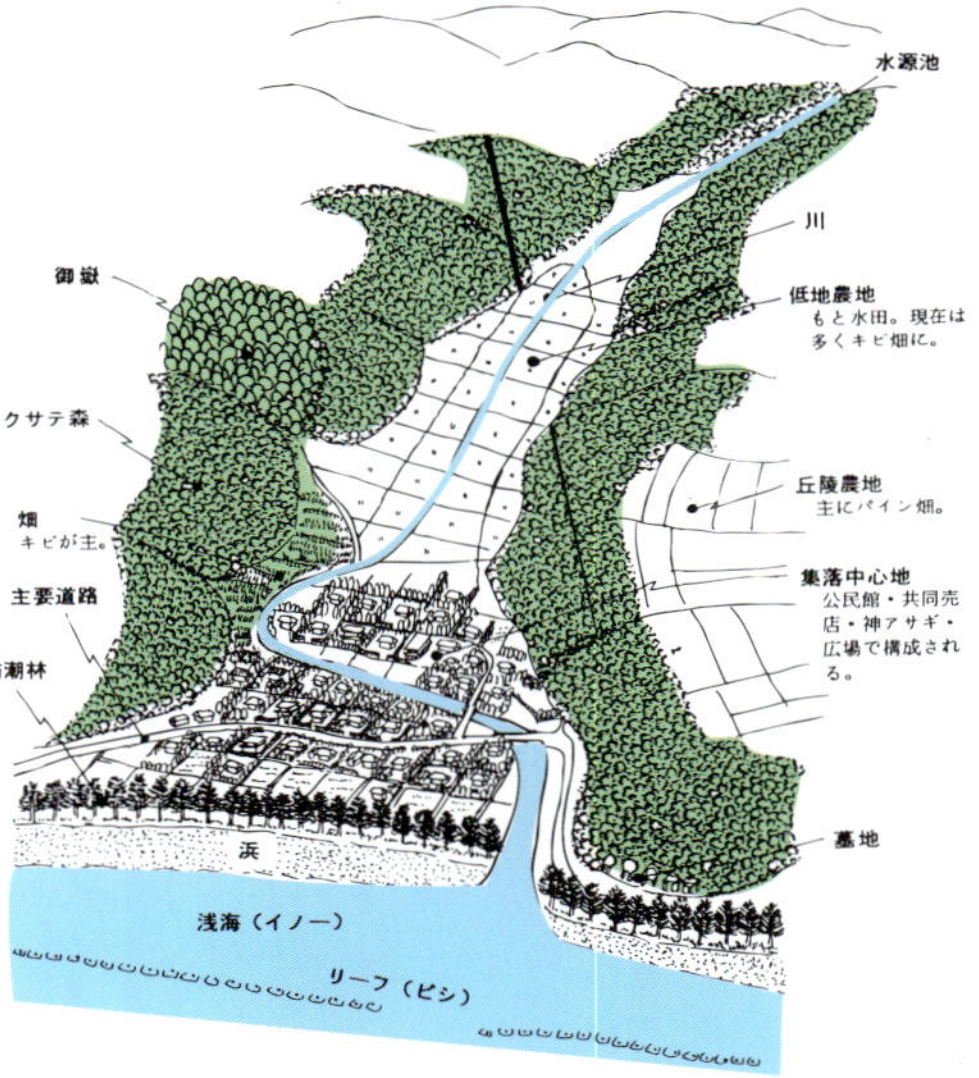

典型的な山原の集落　名護市喜瀬

■風景の記憶と創造

私たちが生まれ育った村落と風景は、18世紀以降戦前までの長い時間と人々の文化と生活と共同作業によってつくられてきたものである。１９７０年代から、その風景は大きく変貌してきた。かつてをなつかしむ気持ちは、私個人としてはあるが、それよりも私たちの歴史の経験とジンブン（英知）に学ぶ姿勢と方法が大切ではないかと思う。山原の地域と風景に刻まれた歴史とジンブンを、風水を手掛かりに見直し、再発見・再評価していくことは、これからの山原の各地域の風景を創造していくうえで意義のあることだと、私は確信している。

※本稿は「沖縄の集落立地と集落形成に関する風水説の考察」（１９９７年３月）を大幅に改稿したものである。

渡名喜集落の空間構成

～重要伝統的建造物群保存地区指定集落の景観～

武者 英二
Eiji Musha
法政大学名誉教授
同大学沖縄文化研究所兼任所員

■はじめに

人間が造ったものに対して、人間が敬意を払うことは誰も否定できない。建築でいえば社寺仏閣であろうと、ごくありふれた町屋や農家であろうと、等しく敬意を払うことは人間に貴賤がないのと同様に、人間の建設への努力に対する正当な評価であろう。

私たちが伝統的な民家や集落の何に関心をもつかということは、現代において何が重要であるかが判断のよりどころである。歴史的にみれば、その時代の気風や要請が大きく影響している。例えば、明治・大正は伝統的な社寺建築の研究に大きなエネルギーが注がれ、昭和になってからのブルーノ・タウト※1やグロピウス※2の来日は、インターナショナル・スタイル※3の潮流のなかで伊勢神宮や桂離宮が高い評価を受けた。

つまり、伝統的な建築や集落から何が選びだされるかは、その時代の最も現実的な要求と密接にかかわっているといえる。今日、多くの伝

里殿（サトドゥン）から見た集落全景。東（左側）と西（右側）の海の距離は600m。背景の山は儀中山（手前）と大岳（奥）。

統的建造物群保存地区※4の選定や、民家博物館の設置は滅びゆく建造物への哀愁というよりも、多くの人びとが民衆の現代住居の行方について、また町並景観や都市のありようについて深い関心を持っているからにほかならない。さらに、民家にみられる先人の生活の知恵と現代住居の再構築のための、何かを発見しえると希求しているからだ。

もし、私たちが近代化のために民家や町並の破壊はやむをえないとして、そのまま放置したとするならば、それは私たちが現代住居や町づくりへの関心の欠如と、それらへのイメージの貧しさを露呈したにほかならない。民家の破壊は、祖先の建築への努力の冒瀆であるばかりでなく、現代に生きるわれわれ自身の誇りの喪失でもある。民家や集落は祖先への郷愁としてあるというよりも、むしろ未来への構想力の豊かさと人間復興の契機として保存されるべきであろう。

ここに紹介する渡名喜村渡名喜集落は、美しくも過酷な自然と共生する島の人びとの叡智と努力の創造物である。沖縄では竹富集落に次いで二番目の重伝建（重要伝統的建造物群保存地区）として、文部科学省より２０００年５月25日付で選定された。これに先駆けて渡名喜島は、１９９７年８月１日に、沖縄県立自然公園の指定を受けている。

■渡名喜集落の移動と形成

渡名喜島にみられる今日の集落が、どのような歴史的経過をたどって形成されたかは定かでない。東貝塚の考古学的調査によると、約３５００年前から人びとが生活していたことが実証できるという。慶良間列島、久米島、粟国島にそれぞれ20キロメートル程度の位置にある渡名喜島は、地理的には絶海の孤島というよりも周囲に島影を望む島嶼空間の中心的位置にある。古代においても何らかの海上交通手段があれば、本島から島づたいの往来は容易であったろう。

いずれにしても血縁的小集団（マキヨ）が渡来し、狩猟・漁労・栽培の生活を営んでいたと想像することができる。では、渡名喜島のどのような場所に居住していたのか。『渡名喜村史』[※5]によれば４つのマキヨの祭祀場（クビリドゥン、サトドゥン、ニシバラドゥン、ウェーグニドゥン）のあることから、４つのマキヨ集団が存在したとされている。おそらく居住地は飲料水が得られ、しかも住居にたえられる洞窟などがある山あるいは丘陵の傾斜地が選ばれたにちがいない。このことは「渡名喜島の民俗資料地図[※6]」に示されたマキヨの位置からも実証できそうだ。

渡名喜島は、周囲12・5キロメートルという小さな島にもかかわらず、ウムイに「カヨーサンヌミチャンガナシン……ターマタニウワタイミショーチ」（出砂島の美神様の、二股の島に御渉来下さいまして）（傍点は筆者）と伝承されているように、小さな隆起珊瑚礁の離れ島と大小２つの山塊に挟まれた砂丘地帯、おだやかな内海のある珊瑚礁、そして海にそそり立つ岩峰と美しく複雑な地形を成している。古代においても海上から遠望できる２つのみどり豊かな島影は、

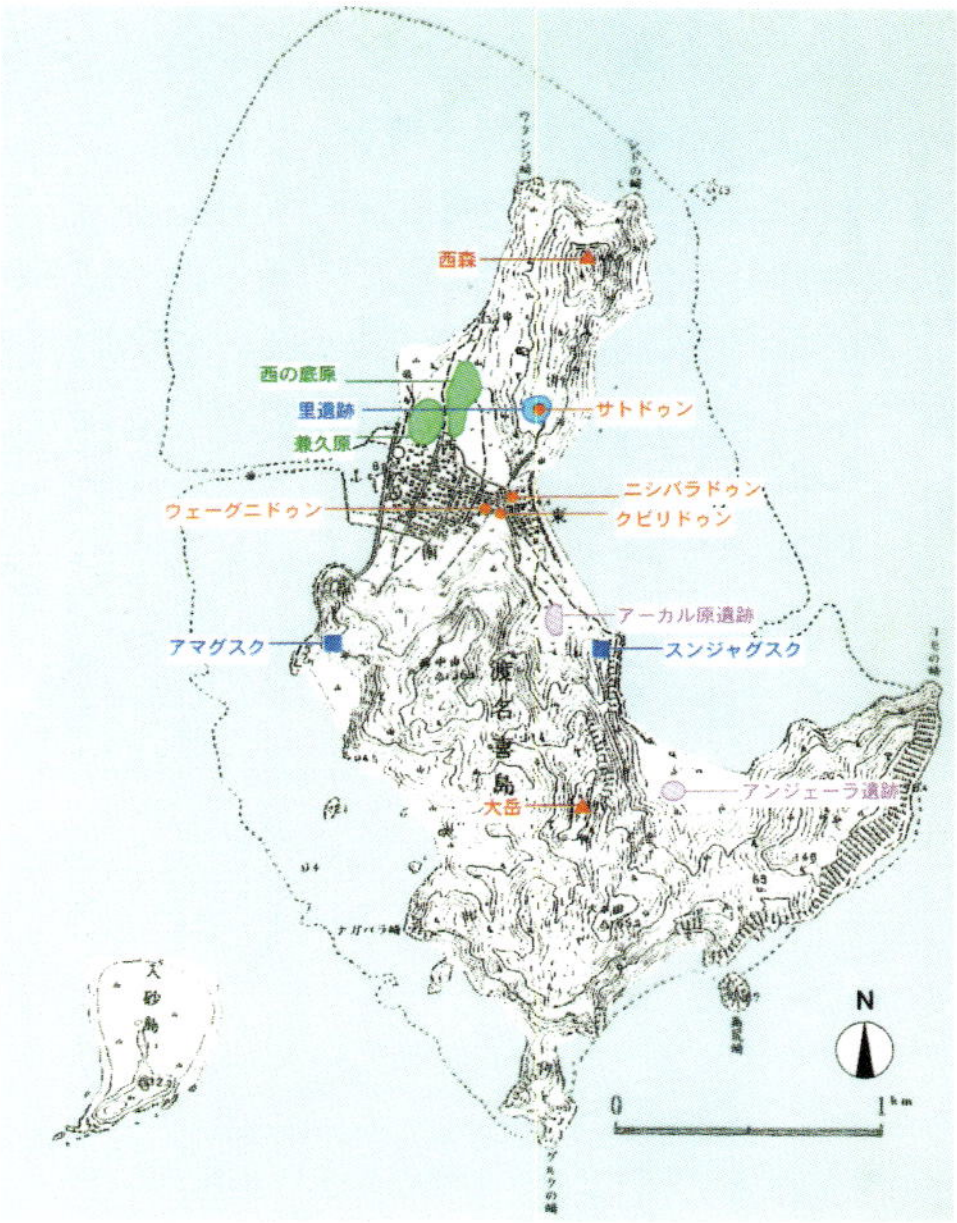

渡名喜島における現集落の位置（東、西、南）と遺跡群。
作図：馬淵裕樹

海上交通の優れた目印であり、また定住への意欲をそそるに十分な条件を満たしていたといえる。

では、いつごろどのようにして砂丘地帯へ移住をしたのであろうか。西森や大岳のすそ野に展開する貝塚後期のアンジェラー遺跡やアカール原遺跡に数十本の柱穴が認められることから、アナヤー（掘立柱の住居）が造られていたのではないかと考えられる。そして西の底原遺跡から発掘された人骨８体は、この時代（１２００〜１３００年前か）に西の底原や兼久原一帯の平坦地への移住が始まったことを物語っている。

現在の集落への本格的な移住は、グスク時代（13世紀頃）であろうか。渡名喜島でのグスク遺跡は「里遺跡」「スンジャグスク」「アマグスク」の３つであるが、里遺跡からは掘立柱建築物跡、

海から見た渡名喜集落　二つの山塊の間に集落の中心施設が見える。

空から見た渡名喜集落（平成５年）。福木に囲まれた住宅群。周辺の耕地は地割制の様子を残している。

グスク系土器、輸入陶磁器、鉄鎌、鉄滓、炭火米・麦などが多数出土している。これらの出土品から島内で大きな技術革新が進み、より大きな集団を必要として各マキヨが現在の集落へ移住したと思われる。その統率者が按司である。按司は単なる集団の長というよりも、鉄の技術（鍛冶）、農業技術、土木技術、造船・操船技術などを修得したスーパーエンジニヤだったかも知れない。人口増加と食糧増産、それに伴う開墾、集落統一と建設、島民にとって最も希望にもえた輝かしい時代だったと想像したい。

■渡名喜集落の空間構成と特徴

現在の渡名喜集落は、東西６００メートル、南北３００メートル、東・西・南の３区からなり、平成17年現在、人口４６８人、民家２８３棟（木造民家１６５棟、内伝統的建造物１０４棟、ＲＣ造他１１８棟）である。福木と石垣に囲まれた白砂の迷宮的な街路空間と緑の樹間に垣間見る端整な赤瓦の民家の集落景観は、明治末から大正中頃に形成された。盛んなカツオ漁業を背景とした経済力と、カーラムエー（瓦模合、建築模合）によって家普請が積極的に推進され、明治末期までには約半数が、大正中期にはその90％が貫木屋のカーラヤー（瓦葺家）となり、赤瓦屋根の立ち並ぶ美しい集落景観をつくり出した。

渡名喜島の集落を一言で云えば、沖縄でも有数の複雑な地形と小さな離島（3・79平方キロメートル）といった極限的な島空間の中で、自然と風土をたくみに利用し、調和した自律的計画集落といえよう。しかも、古琉球にみられる不井然的形態から近世集落の特徴である井然形集落への発展形が認められることである。

現在地の集落は、立地条件や形態的にも東の浜に接した東区から始まったといえる。111頁の図からもわかるようにサトドゥン（里殿）のある西森（標高146メートル）を北に背負い、奥行きのある湾状のイノー（珊瑚礁の内海）に面した海岸線に添って造られている。街区方

集落内の道景観。フクギの屋敷と石垣（戦後、ハブを避けるためコンクリートブロック化した）の間から家屋を垣間見る。

里殿から集落の東区を望む。家屋を台風や冬の厳しい季節風から守るため、フクギの屋敷林の中に埋もれている様子がわかる。

位は南東向きで、後発の西・南区の南向き街区と趣きを異にしている。敷地は後発の地区に対してはやや小ぶりながら、曲線を描き、三叉路の多い道は、より複雑な迷宮的な空間を醸し出している。これらをモノとして解析するならば、冬の北から北西にかけての季節風を防ぎ、冬でも穏やかな内海を望むことができる。内海は重要な食料採集の場である。西森からの地下水は、東区を取り囲むように配置されているニシバラガー、ヘーバラガー、クビリガーとして飲井となっている。それらは現在も利用されている。古くはさらに西森の麓に近いシムガー、ウーテーガー、ソージカーがある。鑿井《さくせい》技術が水の乏しい砂地への移住を可能にしたともいえる。

ヘーバラガー。井戸の上に各家庭のポンプが設置されている。

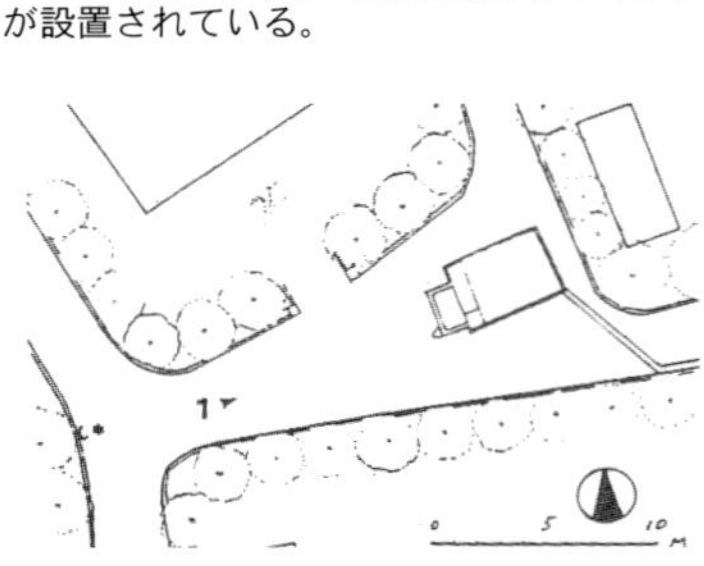

井戸を中心に道がつけられ、道は広場の様相を呈している。

台風対策としては、前述の迷宮的で複雑な曲線状の道構成が海からの風速を減衰させ、さらに石垣と福木の防潮・防風林（抱護林）が集落を守る。集落内は敷地毎の低い石垣と福木の屋敷林、敷地を1メートル前後に竪穴式に掘り下げて家屋を守る。自然の力に対しては、砂地、樹木、石といった自然の力を引き出し利用する一種の環境科学的な土木工事によって、集落のインフラストラクチャーが形成されていったと考えられる。

この集落空間をコトとして概観するならば、先祖の居住地あるいは根屋の里殿に守られ、南に向けて発展する理想的な集落建設理論―クサテムイ（腰当森）思想―の具現化と読むことができる。現在の渡名喜集落の発祥の地・東区は神々に祝福された精神的安堵の空間ともいえよう。

おわりに

少なく見積もって1000年近い集落形成史と、自然の様態を鋭く観察しながら居住者の叡智と合理性に裏打ちされて建設された集落の居

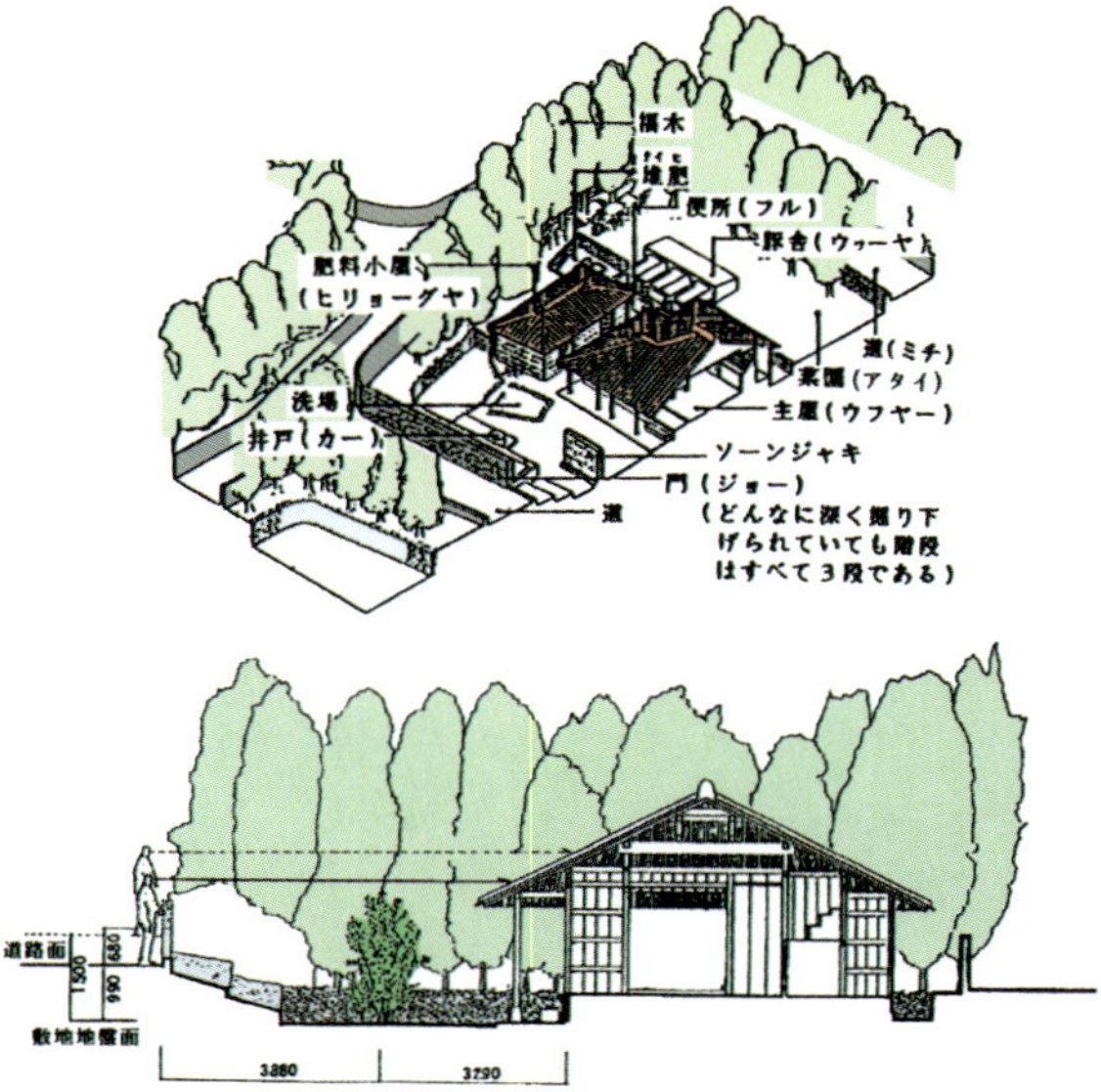

渡名喜民家の空間構成。アイソメから住宅と敷地のしくみがわかる。断面図はこの集落の特徴である竪穴式敷地と道の関係を示す。

クビリの地割耕地から南区を望む。防風のための石垣とフクギの屋敷林で家屋は見えない。

住空間を、この論稿で全述することはむずかしい。

最後に住居に触れたいが十分な紙幅はない。唯一言加えるならば、おおかた120～150坪の敷地に「屋敷家屋制限令」（1737年）の80坪に近い竪穴式敷地を造成し、その限られた空間を有効に利用しながら、伝統的な平面形と渡名喜らしい個性的なデザインが見られることである。少ない建築資材で有効な建築づくり、いってみれば小さく造り広く使う手法や、暴風雨や亜熱帯の日射に対しては地形や植物などの自然の力を利用して対応する。これらは優れた省資源、省エネルギー的建設であり、自然と調和した共生建築あるいは今日、世界的に注目されている環境デザインの先駆けといえるのではなかろうか。渡名喜集落に限らず、古代から培われた沖縄のモノとコトの建設思想―上から与えられる計画に対して、自律的計画（住民による住民のための環境科学アプローチ）が、現代建築や都市の新たな地平を切り開く鍵になるのではと考える。

フクギと内石垣に囲まれた母家。道から1メートルほど下がった屋敷内は、明るく落ち着いた静かな空間がある。

用語解説

※1　ブルーノ・タウト（1880〜1938）
ドイツの建築家。1914年にケルンで開かれたドイツ工作連盟展にガラスの家を建てて注目される。1920年を中心とする表現主義運動のなかで文筆活動を意欲的に行う。1933年日本に招かれ、仙台・高崎で地方産業の近代化を指導した。

※2　グロピウス（1883〜1969）
ドイツの建築家。デッサウのバウハウス校舎（1926）において近代建築の典型を実現。1937年にハーバード大学教授としてアメリカへ渡り、この国の建築の近代化に大きな影響を与えた。1954年来日。

※3　インターナショナル・スタイル
個々の建築家により、その主張や作風の幾分かの違いがあるが、1920年〜50年代頃までの近代建築の主流をなす合理主義的造形様式を指す。

※4　伝統的建造物群保存地区
（でんとうてきけんぞうぶつぐんほぞんちく）

この制度は、昭和50年の文化財保護法の改正により定められ、その中から国が「重要伝統的建造物群保存地区」を選定し保存整備を行う。平成16年4月現在57市町村、64地区の保存地区がある。

※5　渡名喜村史（となきそんし）
上巻七三九頁、下巻九四六頁よりなり、昭和58年に渡名喜村より発行されている。非売品。

※6　渡名喜島の民俗資料地図
（となきじまのみんぞくしりょうちず）

『渡名喜村史　下巻』「渡名喜村落の形成」仲松弥秀論文の七〇〇頁に収録されている。

参考文献

渡名喜村編『渡名喜村史　上下巻』1983年　渡名喜村

渡名喜島調査委員会『沖縄渡名喜島における言語・文化の総合的研究』1991年　法政大学沖縄文化研究所

宮城栄昌・高宮廣衞編『沖縄歴史地図考古』1983年　柏書房

ちゅらさ小湾《こわん》

～沖縄戦で失われた旧小湾集落の復元～

武者 英二
Eiji Musha
法政大学名誉教授
同大学沖縄文化研究所兼任所員

「私の想像の中の首里は、石垣と石畳の町で、それを、一つの樹で森のような茂みをなす巨樹のむれが、空からおおっている。どの屋敷（御殿・殿内）も屋内まで石畳でかためている。赤い瓦を白い漆喰でとめた屋根の美しさは、森と苔むした石垣や石畳を配しなければ生きて来ないものだが、そういう大小の屋根のむれは、木の下の坂道をのぼってゆくにつれて、あちこちに見られる。守礼の門、首里の神霊の鎮まる園比屋武御嶽、歓会門、漏刻門、といった城門、さらには竜宮城をおもわせる百浦添御殿、庭園としては識名園、円覚寺の庭など、たしかに都市美としては奈良をしのぐほどのものがあったであろう。

それらは、いまはない。戦禍による。沖縄戦において、日本軍は首里を複郭陣地としたため、ここで凄惨な最終決戦がおこなわれ、このため、兵も石垣も樹も建造物もこなごなに砕かれた。この戦いでは住民のほとんどが家をうしない、約15万人の県民が死んだ。」（『街道をゆく―沖縄・先島への道』司馬遼太郎著）

■はじめに

この美しい街も村も沖縄戦によって消失し、いまはない。その姿は類推するだけだ。戦争で失われた街や村を、そっくりそのまま復元する例はヨーロッパに見られるが、現在の沖縄にはまだない。せめて、記録としてでも、戦前の平和な街や村の姿、住いや人々の暮らしの様子が浮かびあがらせるものが作れないか。こんな思いから、旧小湾集落の復元作業が始まった。復元の最大の問題は、沖縄戦以前のことを知る人が、できるだけ多く存命し、協力してくれることだった。その人たちの記憶が、すべてである。

旧小湾集落の復元作業は、戦後45年たった１９９０年から１９９５年までの５年間とした。目的は沖縄戦直前の１９４３〜４年頃の集落の姿と、家屋の復元記録をつくることである。協力者は高齢者が多く、記録の刊行を待たずして10余名の方が他界した。ご冥福を祈るばかりである。この聞き取りで衝撃と感動をうけたのは、長老とよばれる高齢者の記憶の確かさと気力である。そのエネルギーの源泉はどこにあるのか。「真っ白な砂の大地と青い海、緑なす森と耕地の〈ちゅらさ小湾〉が本当のふるさとだ」と。その姿を子々孫々に伝えたい。夢と希望がそうさせているのではと思った。

旧小湾集落復元模型。集落のはずれにヤードィが写っている。
（撮影　岡本寛治）

■集落の位置

戦前の小湾は、浦添で唯一の海沿いの集落であった。沖縄最大の都市・那覇からは3キロの距離である。那覇のまちから、中頭にむかう街道を2キロほど北上すると安謝橋にでる。その先の三叉路を左折して海沿いの道を1キロほど進むと小湾である。

小湾川の河口は広く、ヤンバルから薪をつんだマーラン船が出入りしていた。その広い河口が急に狭くなったところに幅5メートル、長さ10メートルの鉄筋コンクリートの小湾橋がかかっていた。橋を渡ると突き当たりにウフヤマ(大山)の森がひろがり、左手にデイゴの巨木の並木と、広場のように広い真っ白な砂地の道が、青い海へとつながっていた。

小湾の東側に位置するウフヤマからオージバンダの丘陵は、台地状になっていて仲西、宮城、屋富祖の集落につながっていた。その台地が、小湾集落の東側で大きく落ち込み、海との間に小さな砂の平地を形成していた。そこに小湾の集落があった。

このような地形に形成された小湾集落は、西に、珊瑚礁に囲まれた奥行き1キロにもおよぶイノー、やわらかく白い砂浜、東には亜熱帯林におおわれたウフヤマと要塞のようなオージバンダ、南は清流の小湾川にかこまれた、美しい農村風景をつくりだしていた。那覇からの格好の行楽地でもあった。その証拠に、琉球王・尚家一族の別荘が四つもあった。

■集落の歴史

小湾の人々は「三様《みさま》」と尊称する村創成の祖先を、オージバンダの麓に祀っていた。伝説によると、最初に小湾に移住したのは勢利家といわれ、次いで外間家、新屋家の先祖であったという。かれらはウフヤマの洞窟で、共同生活を営んでいたと伝えられる。三様の墓は、沖縄戦で破壊されたが、厨子甕は無事だった。それは、現在の新しい小湾に移され大切に祀られている。

三様の時代を確定する史料はない。三様の遺骨を学習院大学の木越邦彦教授が、放射性炭素測定した結果では、１０６０年±90年と報告されている。この年代測定によれば、三様が移住した時代は11世紀から12世紀にかけてである。

小湾川からの風景。
サバニを置く河口の浜、お宮の鳥居、右奥の断崖がオージバンダ
（模型撮影　新 良太）

タクヤーヌサチ（巨大岩礁で集落入口の道標）あたりからの小湾南側入口の景観。
背景はオージバンダ。

日々のくらしは、ウフヤマの涌き水を利用した迫田による農業と、海や森からの採集に支えられていたと思われる。ウフヤマのなかで暮らしていた三様を中心とする小集団が、砂地の平地に移住し、戦前の小湾集落の基点をつくるのは、17世紀の頃と推定される。農具や採集用具に、鉄による技術革新がおき、生産性の向上とともに人口の増加によるものと考えられる。やがて、前門、比嘉、西原、城間屋の先祖にあたる人々が、移住してきた。

小湾が初めて史料にあらわれるのは『絵図郷村帳』（１６４５年）である。また、１７１３（尚敬１）年に編纂された『琉球国由来記』には、潮花森という聖域と木下殿とよばれる祭祀に使われる施設が記録されている。したがって、このころにはしっかりした集落的形態に、成長していたものとおもわれる。

18世紀を迎えると、王府の役職につけない下級士族が首里から移住してくる。また、明治の琉球処分によって役職を失った士族が集落の外に居をかまえた。いわゆる、ヤードィ（屋取）とよばれる人たちである。

集落の形態を概観すると、ウフヤマの麓に御嶽やカミガー（神井泉）が集中していること。三様の宗家の屋敷がウフヤマと小湾川に接した集落の南に位置し、やや不規則な屋敷型であること。集落の北側になるにしたがい、整然とした碁盤状の屋敷割が形成されていることから、戦前の集落は、ウフヤマと小湾川を基底として、南側から順次北に発展し増殖したものと推察できる。

■復元の方法

復元するための資料があるか。当時の集落の様子を正確に記憶しているか。基地のなかに収容されている土地から、旧集落の面影を読み取れるのか。記憶の聞き取り方法・手法を、手探りしながら調査が始まった。

小湾の人々の連帯は、すばらしいものだった。資料の収集は、旧字にかかわりのある、あらゆる人に連絡された。遠く、ハワイや米本土、ブラジルに移住した人へも連絡は行った。共有地主会、自治会、そして長老をはじめ、皆さんの努力によって、当時の貴重な写真、記憶をもとに描かれた拝所や殿の風景画、屋敷割図、年中行事、小湾の言い伝えのメモ書きなど多岐にわたった。一方で、米軍の記録写真や航空写真、地図の類を、国土地理院、防衛施設庁、公文書館、国会図書館など、関連資料を保存している可能性のあるところを訪ね歩いた。

最初に取り組んだのは、①集落地図の作成（左図）。次に②屋敷内配置と住居の間取り図の作成である（次頁図）。①は共有地主会作成の土地台帳、および屋敷割図（ノースケール）、防衛施設庁作成の地籍図（縮尺1／500）、旧陸地測量部作成地図（大正10年。縮尺1／25000）、米軍撮影の航空写真（昭和19、20

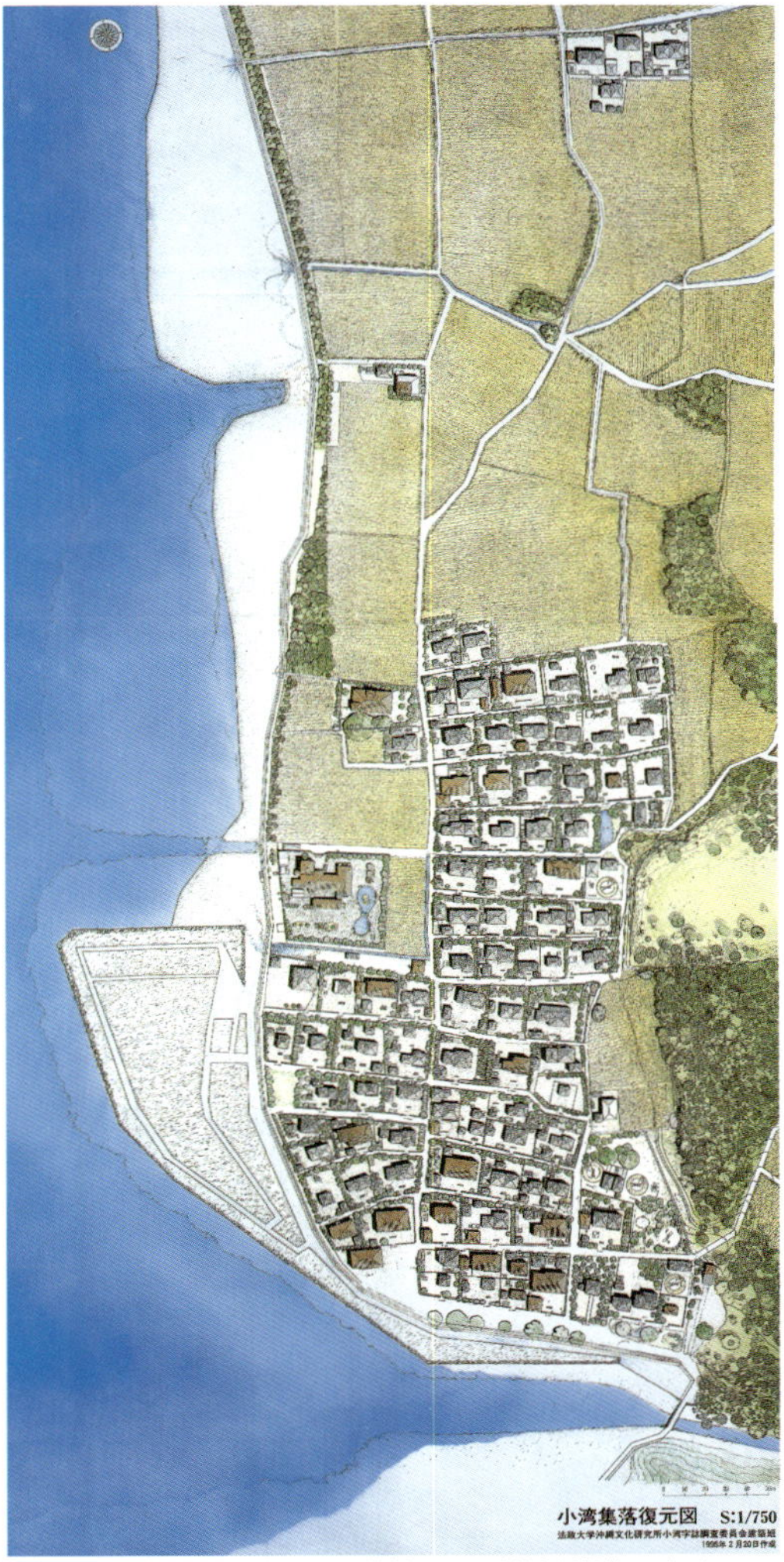

小湾集落の屋根伏せ復元図。整然とした村並が想像できる。集落北方の小さな集団はヤードィ。集落中央の海に面した大きな屋敷は中城御殿。集落の南西隅はムラヤーと広場。

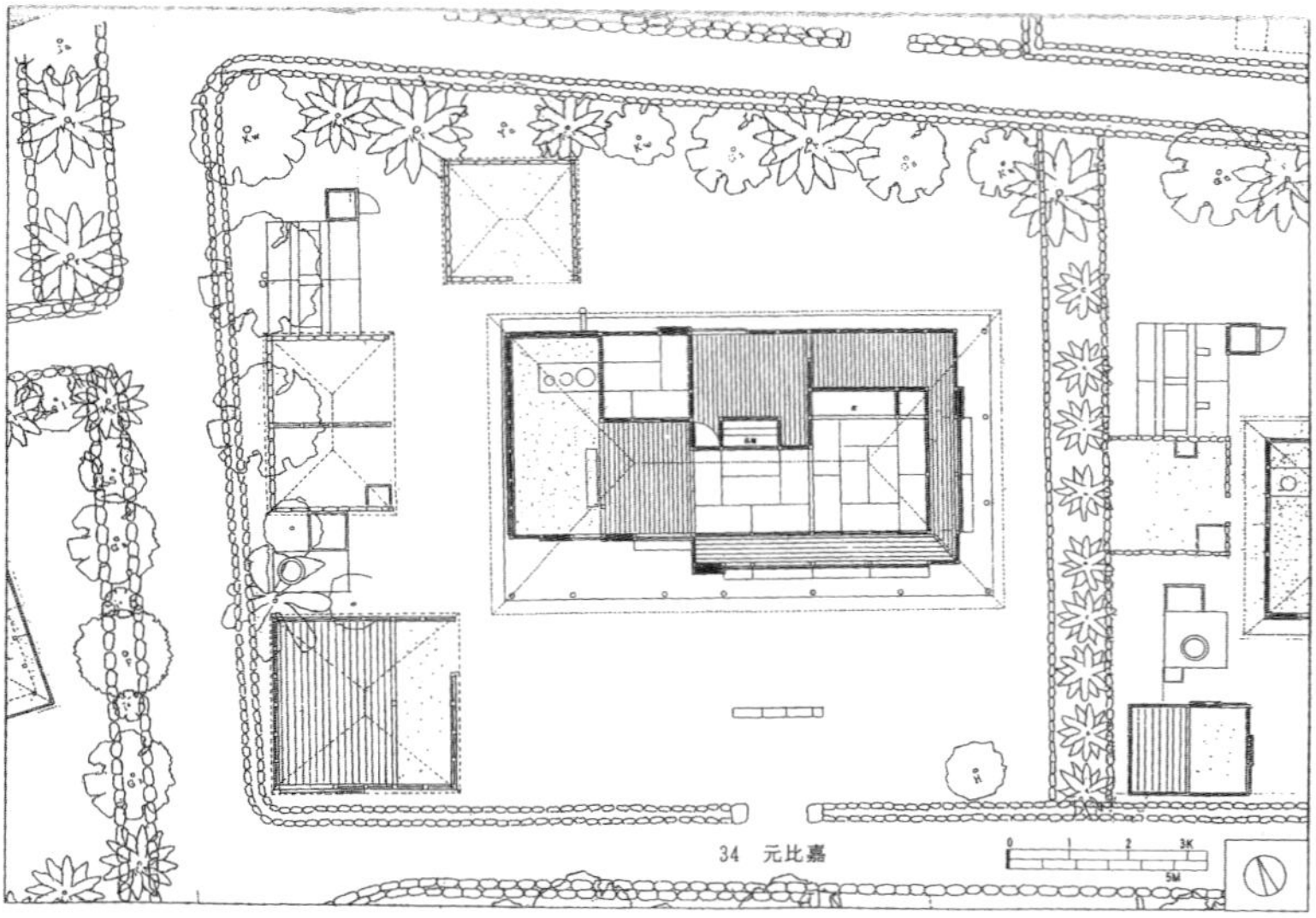

民家の復元平面図の一例。原図は縮尺1/50

年）をもとに、聞き取りをするための地図づくりが始まった。さまざまな地図資料を、コンピューターで合成した地図（１／５００）をもとに、長老に集まってもらい意見を交換する。修正して、意見交換をくりかえす。ほぼかつての様子に近くなったところで、スケールを１／50に拡大して、屋敷の聞き取りからえた、道に接した石垣や植栽を模型化して、地図に組込んでいく。その模型を目の高さで見ながら、道のスケールや雰囲気を確認する。道の寸法やディテールは、当時使われていた荷馬車や荷車などの実際の寸法を調査し、模型の上でシミュレーションをくりかえす。少しずつではあるが、確実に旧小湾らしい字の地図が出来上がってきた。

②は旧小湾住民に集まってもらい、図面の描き方のレクチャーと図面のサンプル資料を渡す。戻ってきた図面は、素人とは思えないほど綿密で情緒的でもあった。図面を描けない人はどうしたのか。大工さんや建築に詳しい住民が手助けをした。この図面と資料をもとに、家屋模型などを見せながら聞き取りを重ね、修正がくり

かえされた。

　同様に、聖域と共同施設、尚家別荘も聞き取りをした。個人の所有物と異なるので、集団での意見交換会にした。老人会の皆さんが、にぎやかに若かりし日を思い出しながら、共同施設が少しずつ形をあらわしてきた。

　この限られた紙幅では、復元のすべてを語りつくすこと、また、集落の空間構成や空間デザインについての記述や考察はむずかしい。沖縄戦で失われた首里城や識名園などの名建築は、県や国によって修復されるが、街や村の建築はかえりみられることは少ない。しかし、人間に貴賤がないのと同様に、街や村にも貴賤はない。本物のくらしの文化は、こうした名も無いもののなかにこそあるともいえる。建設にたずさわる人々が、ほんの少し、時間をさいて協力しあえば、こうした復元記録をつくることができる。誤解をしないでほしいのは、復元記録をつくることだけに意味があるのではなく、復元した記録のなかに、沖縄の重要な文化—忘れてはならない沖縄のくらしの精神—が秘められていると考えるからだ。

　旧小湾集落の復元は、旧住民の献身的な協力と情熱によるものである。われわれは、ほんの少しの専門知識と時間を提供したにすぎない。完成した資料を他の研究者が読み砕けば、新しい沖縄、真実の沖縄の姿を発見するであろう。

　おわりに、この調査に理解と援助をしてくださった小湾共有地主会をはじめ、小湾の方々に心からの尊敬とお礼を申し上げる。

沖縄の伝統的建築技術の将来

～首里城正殿の復元を通して～

平良　啓
Hiromu Taira
㈱国建 建築設計部 部長

■はじめに

沖縄の歴史的建造物には我々の先人が確立した技術が満ちている。石造建造物では橋や城壁、御嶽、墓、井泉、フール（豚の飼育を兼ねた便所）などがあり、木造建築物では首里城に代表される城郭建築（宮殿建築）、寺、廟、神社、御《ウ》殿《ドゥン》・殿内《ドゥンチ》、民家などが具体的な事例である。

これらの建造物の多くは去る沖縄戦で破壊されたが、石造建造物の遺構は県内各地に散在している。文化財指定の木造建築物はかろうじて中村家や上江洲家、高良家、銘苅家、金武観音寺、権現堂など、近世以降に造られた建築物が残っている。

筆者は、（社）日本公園緑地協会が受託した「首里城正殿工事監理業務」の監理技術者として正殿の復元工事に関わる機会があった。そこで、本稿では、正殿の建築技術の実践例を示した上で、沖縄で育まれてきた伝統的建築技術の継承のあり方などについて考えてみたい。

首里城正殿

首里城の概説と復元の経緯

首里城の創建年は不明であるが、時代とともに城は拡張され、尚清王代（1527〜55）には城の縄張りはほぼ完成したと考えられている。城の規模は東西約400メートル、南北約200メートルで、地形をうまく利用して石積が築かれており、内郭と外郭に大きく分けられている。内郭に多くの建物があって、儀式空間の御庭《ウナー》の周りには正殿はじめ、奉神門、南殿・番所、北殿が建ち、琉球王国の政治・行政の中枢として存在していた。城の南側には「京の内」と呼ばれる広大な空間があり、首里城発祥に関わる聖域とされている。東側は「御内原《ウーチバラ》」で、国王とその家族が生活する空間となっていた。このように、首里城は政治・行政空間と祭祀空間、そして居住空間で基本的に構成されているのが特徴である。

1879（明治12）年の廃藩置県以降、首里城跡は軍隊の駐屯地、学校施設として利用され、さらに、建物の老朽化に拍車がかかり、施設の改変や取り壊しが行われた。そして、去る沖縄戦で首里城跡は灰燼に帰してしまったのである。

１９７３（昭和48）年の「首里城復元期成会」の発足を契機にして、首里城復元に対する県民の熱い想いが通じ、城郭の内側は国営公園、その外側は県営公園として整備することが決定された。多くの計画が策定されて復元整備工事が本格化し、１９９２（平成４）年11月に一部開園を迎えた。関係機関によって引き続き首里城復元整備事業が進められており、首里城公園は多くの利用者で賑わっている。

■首里城正殿の施工技術

首里城公園の最も中心的施設である正殿は、１９８６（昭和61）年から１９８９（平成元）年にかけて復元設計が行われ、１９８９年から１９９２（平成４）年にかけて復元工事が実施された。

国の事業として沖縄総合事務局が工事を発注し、本土の大手施工業者と地元の施工業者との共同企業体が受注した。その下に各専門業者が協力業者として関わった。主な工事は、仮設工事、基礎工事、石工事、木工事、屋根工事、塗装・彩色工事、木彫刻、建具工事、雑工事、設備工事である。

いくつかの工事の中で多種にわたる伝統技術が展開された。まず、正面基壇石積は、遺構や古写真、戦前作製された図面に基き、個々の石の大きさと形状、目地に至るまで往時の状況の踏襲に努めている。

正殿の木構造は、多くの柱が建ち、その間を貫でがっちり固め、太目の桁と梁が天端を揃えて配置されている。建物はかなり強固であり、金物などで補強する必要がないと判断し、往時の構造を踏襲している。

また、鎌継、蟻掛などの伝統的な継手・仕口[※1]も再現している。その中でも、「蟻上げ」と「蟻落し」は沖縄独特と言われている。これは、柱と貫の組み合わせ部分に蟻ほぞを設け、楔で上下にがっちり固める技法である。造作工事では、外壁の竪板張り目板打、内壁の樋部倉矧《ひぶくらはぎ》を踏襲

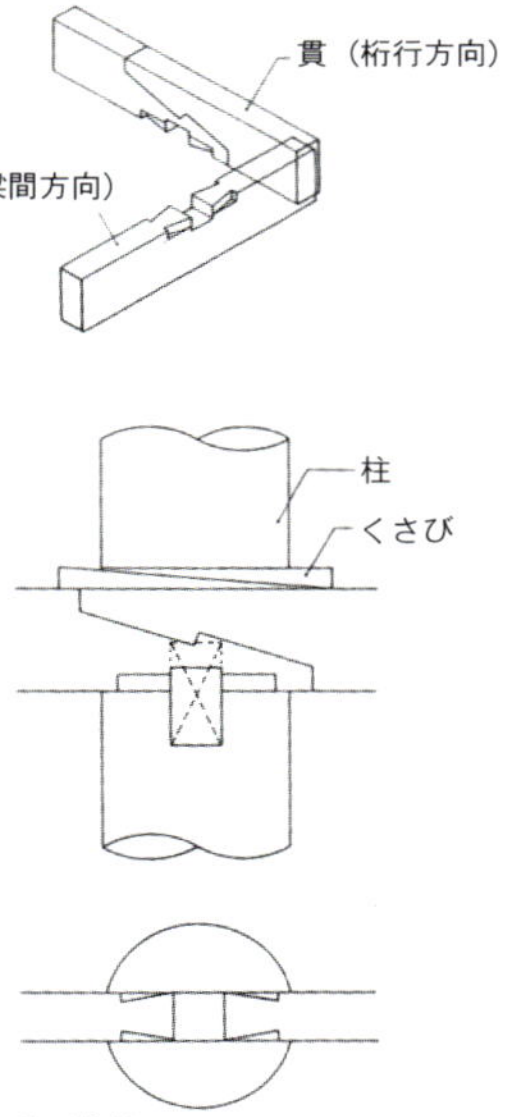

蟻上げ、蟻落し

している。

木は変形するという前提に立って、「木取り」を行っている。柱が礎石に接する面は、中央部分を少し抉っている。また、貫が貫通する柱の穴はまっすぐに彫るのではなく、内側を多めに削りとっている。柱と貫、礎石とのなじみを良くするための工夫である。このような技術は、職人の経験が代々伝わっている場合が多い。

ところで、正殿の木工事には他府県の宮大工と沖縄の大工が参加している。木彫刻の製作では、多くの木彫刻を限られた工期内に忠実に復元する必要があり、彫刻の復元に実績のある他府県の彫刻師と、組織的に対応できる台湾の彫刻業者が関わっている。

二階連子窓。古文書の記載通り久米島の赤土で塗られている。

桐油《とうゆ》の媒材を使った本格的な塗装と、久米赤土[※2]を顔料として使用する塗装は沖縄ではしばらく途絶えてしまった技法である。そこで、設計段階での分析を経て、文化財建造物の復元や修理工事で実績のある他府県の塗装業者によってこれらの技法の再現が図られた（１９８５年に修理が行われた八重山の権現堂には桐油が一部使用されている）。正殿復元工事の技術的成果として、下記の点があげられる。

①大規模木造建築物における加工と建方技術
②彫刻類の忠実な形態再現の技術

③龍頭棟飾《りゅうとうむなかざり》と鬼瓦に代表される焼成技術
④桐油彩色の仕様と久米赤土の精製技術の再現
⑤屋根瓦の製作・施工技術
⑥その他復元に関する技術

これらの技術は沖縄の関係者や職人だけで達成されたわけではなく、当初から復元事業に関わった関係者と他府県の職人とのコラボレーションによって築かれたことを強調したい。

なお、伝統的工法を補完し、公園施設としての建物機能や耐久性、安全性などを確保するために、現代的工法も採用している。主な部分では、建物の不同沈下を防ぎ、遺構保護を図る目的で、コンクリート基礎を設置している。また、床に強化アクリル板を張って遺構の見学が可能な仕掛けを施している。

屋根の頂部にある巨大な焼物の龍頭棟飾は、棟木にステンレス角鋼を固定し、そこにＧＲＣ（ガラス繊維補強セメント複合材）の版を取り付け、その表面に陶片を貼り付けてステンレス線で固定した。

このように、見えない部分で現代の優れた技術を採用しているのが正殿復元工事の特徴である。完成後多くの利用者が訪れているが、機能上、利用上の根本的な問題は発生していない。

■正殿復元における地元職人の関わりと最近の状況

１９９２（平成４）年の一部開園後も復元事業が展開されており、首里城公園内の建築物では、継世門、系図座・用物座、二階御殿、右掖門、供屋、玉陵東の《アガリヌ》御番所《ウバンジュ》の復元整備が行われた。他の地域では、末吉宮拝殿、宜野湾の真志喜ノロ殿内などが関係機関によって復元された。

正殿の復元工事では、大龍柱、小龍柱、石高欄、礎盤の彫刻物は地元の職人達がみごとに彫り上げている。

最近、いくつか木造建築物の復元が実現したことで、ベテラン、中堅、若手の大工が同じ現場で技術を磨く機会がでてきた。木彫刻でも、確かな技術を持った彫刻師が存在する。

正殿大龍柱の加工状況

建物への伝統的塗装についてはなかなか機会が少ないことから、沖縄でそれを専門とする施工業者が育ちにくいのが実情である。しかし、正殿の彩色工事やその後の扁額製作で数名の地元漆芸家が関わったことで、この分野での活躍が期待できる。

なお、彼らは日頃から復元・修理工事に従事しているわけではなく、伝統技術の鍛錬がややもすると疎かになることが懸念される。日常の中で「技」を磨くことができる環境づくりが必要であろう。

現代に活かす伝統的建築技術

伝統技術を継承してどのように現代に活かすかは、多くの関係者が模索しているテーマである。以前から、建物や橋、道路、公園などの施設に琉球石灰岩や瓦、焼物、漆喰など地元の素材を活かした試みがなされている。それはそれで意義のあることであるが、これらの材料を使用した施工で、伝統技術の再現までは至っていないのが実情のようである。

そこで、比較的規模が小さく、機能上差し支えがなく、工期上も影響が少ない施設に、沖縄の伝統技術を取り入れる試みが考えられる。そのことで現代の職人が自然に沖縄の伝統技術を体得することにつながる。また、設計・施工のプロセスで設計・監理技術者自身も「沖縄の風土と建築」を学ぶきっかけになることが期待できる。何よりも、手作りの味わいが施設の魅力度の向上に繋がればうれしい。具体的には次の方法が考えられる。

①石積では、石の表面加工を斧や鏨《たがね》などの道具を使って手作業で行い、石の組み合わせや積方なども伝承されている工法で行う（住宅の屋敷囲いの石積を共同作業で積上げる例は多い）。

②木工事では、継手・仕口などに伝統的工法を採用し、これらの加工や木材の表面仕上げに鑿《のみ》や手鉋を使う。

③漆喰壁や床のタタキを伝統的工法で施工する。

④屋根は手作り瓦（桶巻き瓦）※3を在来工法で施工する。

歴史的建造物の復元工事が増えたと述べたが、まだまだ散発的に発注されているにすぎない。そのため、沖縄の伝統技術を次の世代に継承する機会が少なく、しかも職人の高齢化が進んでいる。そこで、数多く建設されている現代建築や土木施設を通じて伝統技術が継承されること

上空から首里城周辺を見る

を望みたい。今後取り組むべき課題として次の点があげられる。

①県内の教育機関での実践的取り組みを引き続き充実させる。

②伝統的建築技術を学術的に再検証する。

③各工種における伝統職人の実態を把握する。

④伝統職人のネットワークを構築し、情報交換と施工の協力体制を推進する。

⑤各団体が行っている伝統技能者表彰をさらに充実・発展させる。

⑥行政による調査・支援策を継続する。

創造性高い現代建築と、先人の記憶が残る伝統的建造物やそれを支える伝統技術との共鳴によって、沖縄の建築文化の多様性と豊かさを再認識するきっかけになれば幸いである。

用語解説

※1　継手・仕口（つぎて・しぐち）

継手とは、1つの材の長さを増すための工法。仕口とは、2つ以上の材を工作して組み合わせる工法。

※2　久米赤土（くめあかつち）

久米島にある赤土。琉球王府時代、この土を顔料として加工し、重要な建物の塗装に使用していた。古文書によって正殿の連子（れんじ）などに塗られていたことがわかった。

※3　桶巻き瓦（おけまきがわら）

桶状の轆轤（ろくろ）に薄く切り取った土を巻き、成形・分割して丸瓦と平瓦を作る技法。中国明朝時代の技術書『天工開物』にほぼ同じ製法の記述がある。

参考文献

沖縄総合事務局開発建設部河川課『伝承工法利用に関する調査検討業務』1990年

沖縄総合事務局国営沖縄記念公園事務所『国営沖縄記念公園首里城地区建設の記録』1994年

今帰仁旧城図と琉球王国の測量技術

安里　進
Susumu Asato
浦添市教育委員会 文化部長

■北山滅亡後の今帰仁グスク

世界遺産に登録された今帰仁グスクは、14〜15世紀初めの三山時代の北山王の居城として知られている。北山王国は、アジアの国々との交易で富を築いたが、15世紀初めに琉球統一をめざして攻めてきた中山の軍勢に敗れ去った。

北山を滅ぼした中山は、今帰仁グスクに北山監守を派遣して、北山支配の拠点とした。今帰仁グスクは、北山監守代々の居城となったが、１６０９（尚寧21）年に侵攻してきた薩摩軍に攻め落とされた。これ以後廃城となり、北山監守もまもなく首里に移住した。

しかし、この今帰仁グスクの歴史はこれで終わったのではなかった。正殿の跡に１７４９（尚敬37）年に建てられた「北山監守来歴碑」には、数年前に起きたグスクの管理権をめぐる事件の顛末が刻まれている。この事件の背景には、著名な政治家蔡温《さいおん》を先頭に展開された精度の高い測量による検地があった。ここでは、その頃作成された「今帰仁旧城図」をとおして、アジア最先端の測量技術を駆使して測量を展開した琉球の役人たちの心意気にふれてみたいと思う。

■精度が高い「今帰仁旧城図」

「北山監守来歴碑」を建てたのは、北山監守の末裔・今帰仁王子向朝忠《しょうちょうちゅう》であった。石碑には、事件の内容が次のように記されている。第二尚氏の尚真王の時代には、王の三男で我が先祖である尚韶威《しょうしょうい》が今帰仁城に派遣され、代々北山監守を勤めてきた。七代向従憲《しょうじゅうけん》の時に首里に移り住んだが、その後も城内の祭祀を行ってきた。ところが、王府がこの城を今帰仁住民に分け与えようとしたので、朝忠は王府に城域の管理を訴え出た。

朝忠の家譜（具志川家）にも、同様な内容の記事が書かれ、具志川家が管理すべき今帰仁城の範囲を測量した図面（「今帰仁旧城図」１７４３年頃）が添付されている。今帰仁グスクの管理権が地元と北山監守末裔との間で問題になっていた。

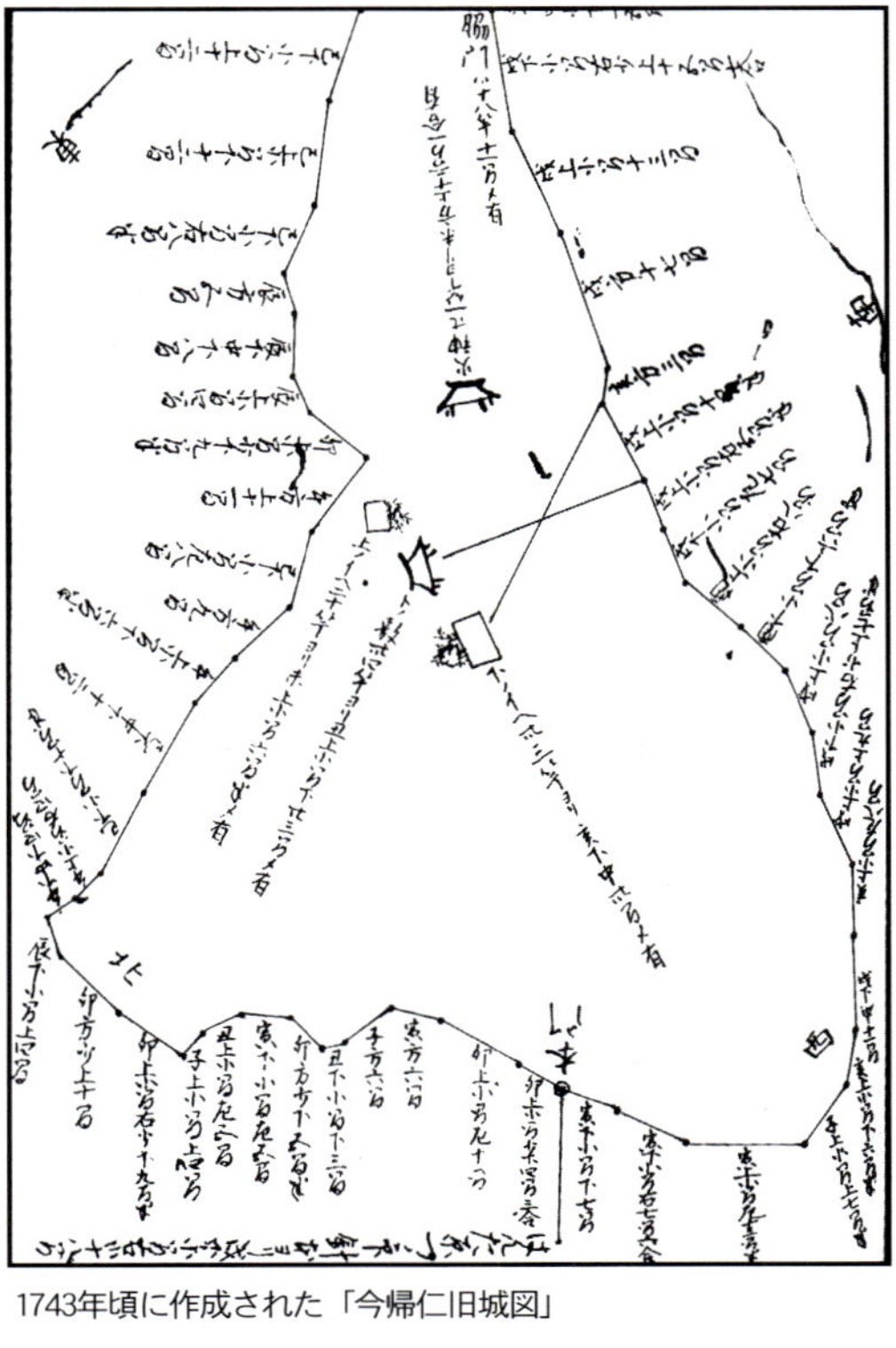
1743年頃に作成された「今帰仁旧城図」

驚くのは今から260年近くも前に作成されたこの図面の正確さだ。この「今帰仁旧城図」には、「はんた原《ばる》つ」という記号がついた印部《しるべ》石《いし》（測量図根点）と、測量した各側点の方角と

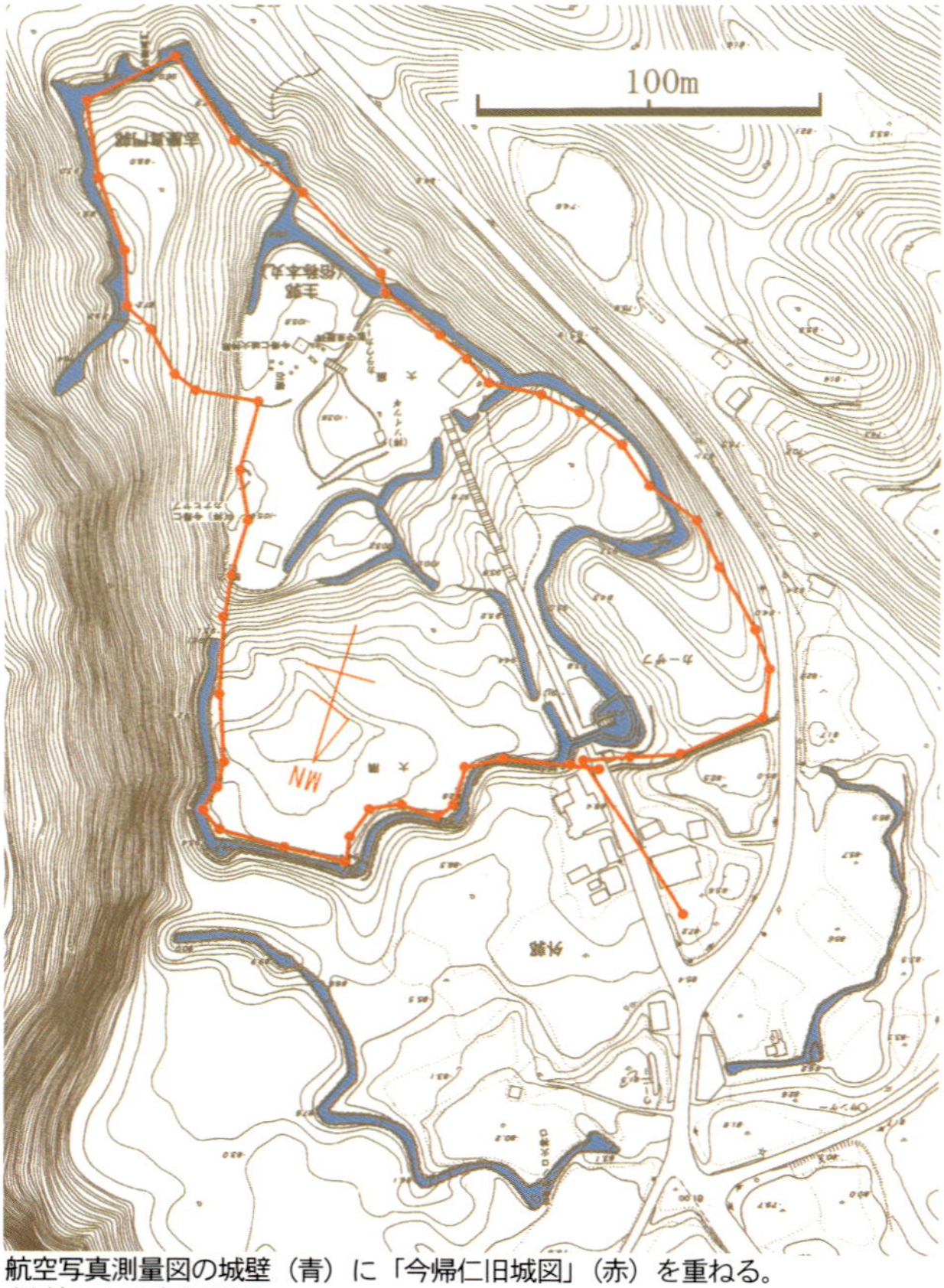

航空写真測量図の城壁（青）に「今帰仁旧城図」（赤）を重ねる。
（比較のため南北逆転）

距離が書き込まれている。そこで、私は、この書き込みにもとづいて測量図を作成し、その精度を確かめるために、これを現代の航空写真測量図に重ねてみた。すると、「今帰仁旧城図」の測量ラインは、航空写真測量図の城壁の内側ラインとほぼ一致した。つまり、当時の測量は、城壁の内側を正確に測量したことになる。一体どのような測量機器と技術を使って、現代の航空写真測量に匹敵する高精度の図面を作成したのだろうか？

空から見た今帰仁城

測量器とユニークな角度表記

「今帰仁旧城図」が作られた頃は、王府が農地の測量を中心に沖縄各地を細かく測量した「乾隆検地※1」の最中だった。王府は、沖縄本島と周辺離島の隅々まで測量し、詳細な間切絵図※2を作成する検地という大事業を遂行中であった。この事業では、各間切（今の市町村の前身）に２００〜３００個の大量の印部石を網の目のように設置した。そして、この印部石を基点に、約0・94度単位で測角できる測量器を駆使して、海岸線や間切境界、道路、河川、杣山《そまやま》や田畠屋敷の境界線、そして集落の屋敷や全ての田畠を一筆づつ正確に測量した。一つの間切の測量に3〜4名編成の測量隊2〜5パーティを投入し、先島を除く沖縄諸島を測量するのに13年の歳月を要した。

琉球王国の測量器や測量技術は、１７８５（尚穆34）年の『量地方式集』※3に詳しく記されている。彼らが使用した測量器は現代のアリダードと同一構造だった。地面に突き刺した

「針棒」の上に「皿針台」を載せ、さらにその上に「見越定規」を載せた組み立て式になっている。皿針台には、分度盤を置き、真ん中には針（磁石）をはめ込んだらしい。そして皿針台の分度盤を磁北に合わせ、その上に載せた見越定規を回転させて的（標的）を見通して十二支からの角度を測定する仕組みになっている。

分度盤と方角表記もユニークだ。分度盤は、360度を384分割して、0・9375度を一目盛りにしている。これは、360度を2分法で繰り返し分割したもので、風水師が使う羅針盤の分度法と共通している。そして、十二支以下の角度は、漢字で表記する。例えば、磁北から時計回りに17・81度振った方角は、「丑方

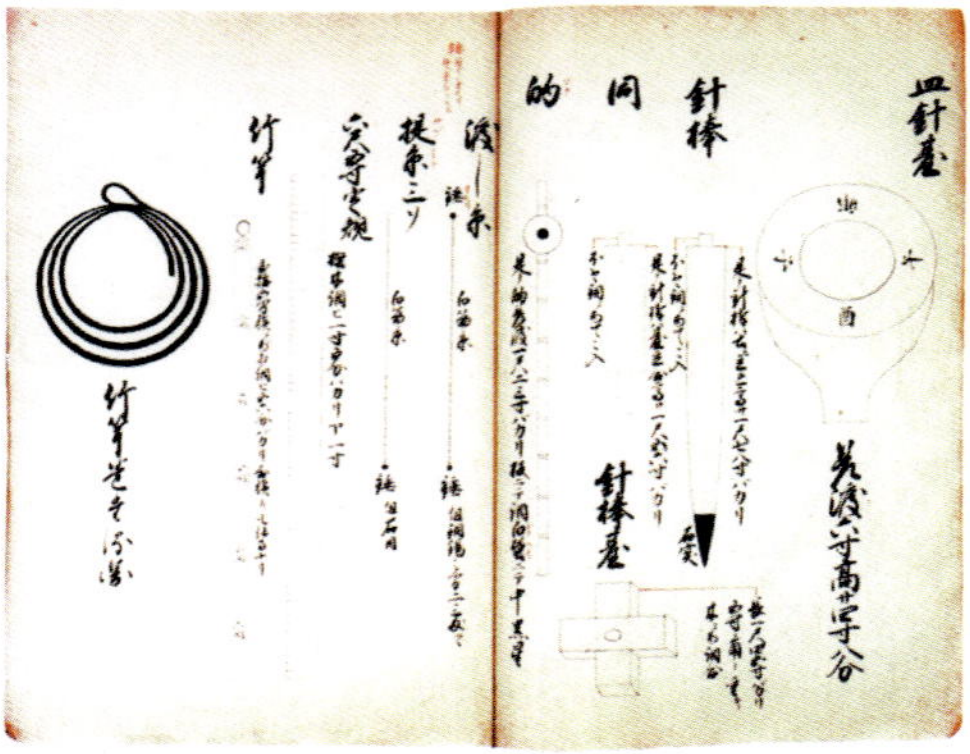

『量地方式集』の測量器

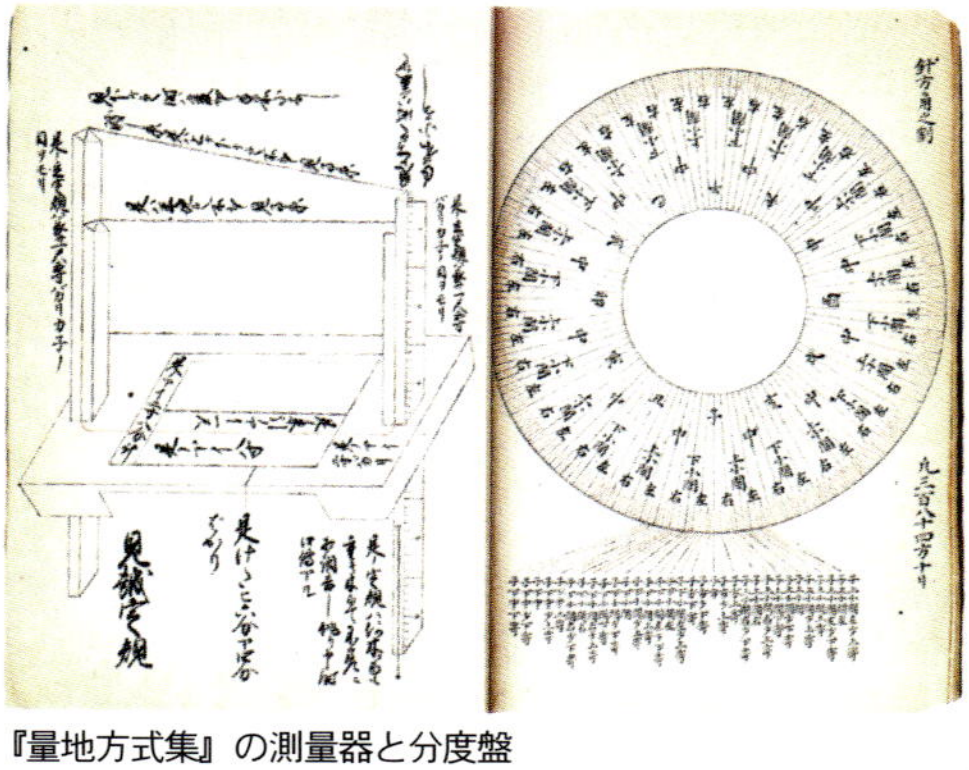

『量地方式集』の測量器と分度盤

上小間左少上寄」と書く。「寅方下中少上寄」だと磁北から時計回りに74・07度振った角度になる。こうした角度表記は日本や中国にも見られない琉球独自の表記だ。距離は、目盛りがついた間縄や竹竿で0.1間単位で測る。測量では、6.5尺を1間として測量するので、約20センチメートル単位で測ったことになる。

■トラバース法で測量

測量方法は、現在のトラバース測量と同じで、竿本（測量基点）から各測点の方角と距離を次々と測量して竿本に回帰する。竿本や途中の測点の位置を、後に再確認できるように、最寄りの印部石の位置も測量する。この方法で、間切境界や海岸線、道路、河川、杣山や田畠屋敷の境界をそれぞれ測量した。

田畠の測量はもっと念が入っていた。まず、印部石の上に測量器を置いて、ここから1筆の田畠の中心を測って、その位置を押さえる。田畠に三斜を切って各辺を測って面積を求める。田畠に溝や畦が横切っていたり大きな岩があれば、その面積も測って差し引いている。さらに、土質をしらべ土地の等級も査定している。もともと、こうした検地は農地の実態をつかんで課税するための土地測量だから、田畠の測量は徹底していた。

こうした測量成果にもとづいて、王府は1／3000の極彩色の間切絵図を作成した。この間切絵図には、間切内の道路、河川、山林、屋敷、田畠などが描かれていた。とくに田畠は一筆ごとに地番が記されていた。そして、土地の所属問題が発生した時の再測量に備えて、測量帳簿も整備され、印部石もしっかりとメンテナンスされていた。

■伊能忠敬よりも古い高精度の測量技術

王府は精度の高い測量による絵図を作成して土地の実態を把握するとともに、集落の移動や統廃合を行い、村や間切の境界を改めるなど大

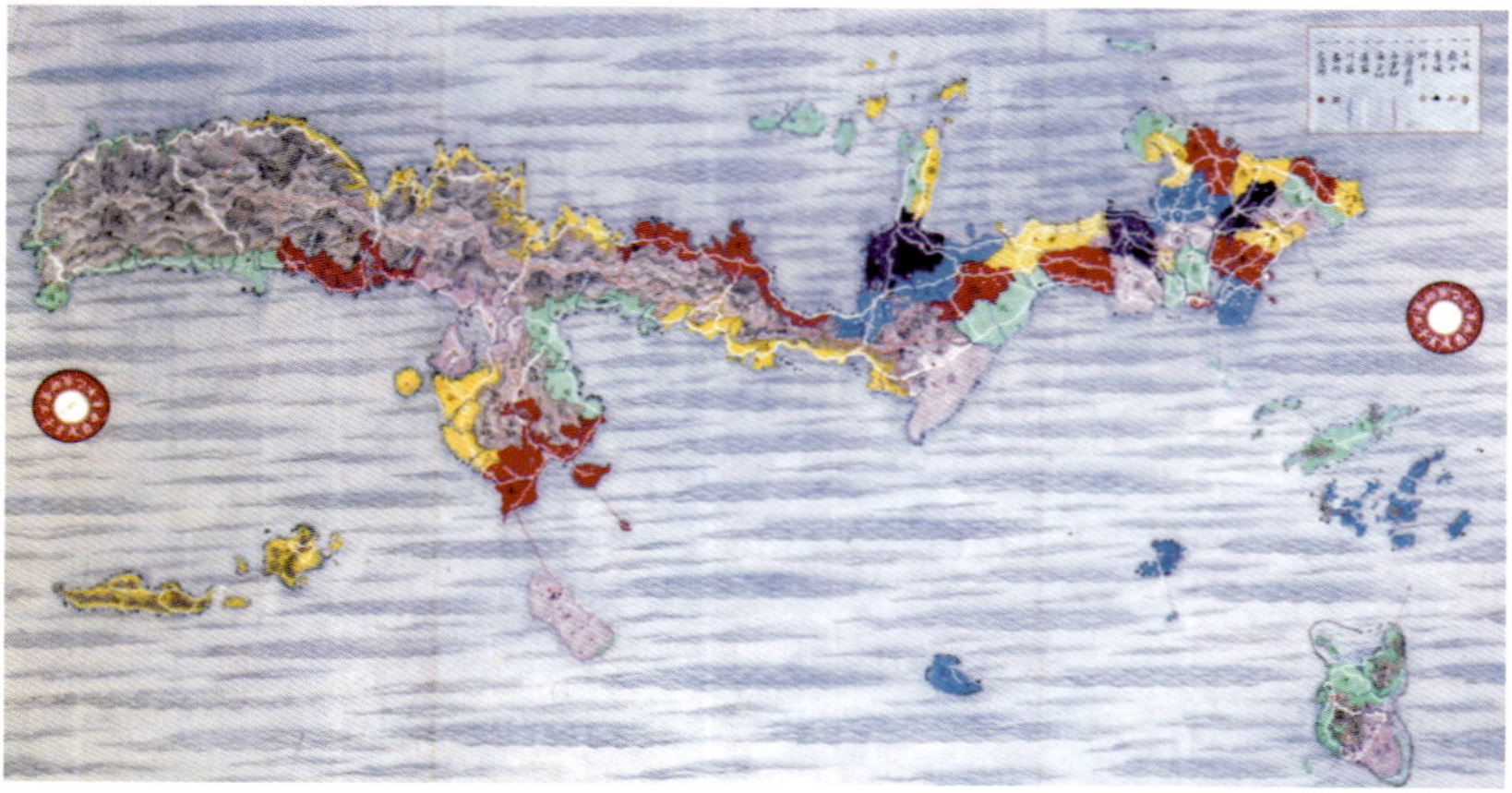

古絵図　薩摩藩調製図（沖縄県立図書館蔵）

がかりな土地改革を実施した。この改革の一環として、今帰仁グスクの敷地も、地域住民に払い下げられる予定になっていたが、北山監守の末裔朝忠が、王府に異議申し立てを起こしたのであった。その結果、グスクは朝忠が永代管理することになったことが、「北山監守来歴碑」に記されている。

こうした測量技術は、伊能忠敬※4の測量技術に匹敵するもので、王府が沖縄諸島を徹底して測量したのは、忠敬が全国測量をした60年余りも前のことであった。琉球王府はアジアで最先端の当時の測量技術を持っていたのである。

私は、重い光波測距機を背負って伊平屋島北端の測量を実地検証したことがある。当時の絵図は島の北端まで正確に描いている。実際に島の北端に行ってみるとそこは断崖絶壁の海岸で、測量はただごとではない。この島の北端の地形が歪もうがどうしようが、王府の税収には何ら影響がない。にも拘わらず、危険を顧みず徹底して正確に測量した役人達を突き動かしたものは一体何だったのだろうか。

断崖の下に立って私は思った。彼らには、アジアで最先端の測量技術を駆使して、これまでにない高精度の地図を作製しているという自負があったにちがいない。そしてこの絵図を、支配者である薩摩藩へ提出して、琉球王国の技術力を見せつけようと密かに考えていたのではないか。

用語解説

※1　乾隆検地（けんりゅうけんち）

乾隆年間の1737〜1750年に行われた琉球の検地。元文検地ともいう。検地は、全ての農地の面積を測量してその等級や生産高を査定し、税額を決める事業。

※2　間切絵図（まぎりえず）

乾隆検地の測量をもとに作成した各間切の絵図。各間切・島ごとに作成されたが、1枚も残っていない。1／3000の縮尺の極彩色のカラフルな絵図で、縦1メートル・横2メートル程度の大きさだった。最近、この間切絵図を集成した絵図が発見されている（沖縄タイムス2001年6月12日朝刊参照）。

※3『量地方式集』（りょうちほうしきしゅう）

和亮弼高原親雲上が、1785年に著した測量指南書。尚家旧蔵の書籍で現在那覇市所蔵。全体内容は未公開だが、一部公開された部分には測量器具、測量方法が図解で解説されている。

※4　伊能忠敬（いのうただたか）

江戸時代の測量家で地理学者。1800〜1814年にかけて北海道から九州の海岸を中心に初めて近代的測量を行った。この測量成果にもとづいて作成された「大日本沿海輿地全図」は、明治時代まで最高精度の地図として使われた。

参考文献

安里進『考古学から見た琉球史・下』1991年　ひるぎ社
安里進「近世琉球の地図作製と戦前作成の琉球諸島地形図」（『「大正昭和琉球諸島地形図集成」解題』）1999年　柏書房

沖縄の石積み

久保 孝一
Kôichi Kubo
（社）沖縄建設弘済会 技術環境研究所 参与

安和 守史
Morifumi Awa
（社）沖縄建設弘済会 技術環境研究所 研究員

はじめに

沖縄では、「城」とかいて「グスク」「グシク」と読む。沖縄の考古学では、沖縄の先人が丘陵へ移動して生活した時代をグスク時代と呼び、10世紀から14世紀頃までとしている。原始社会（貝塚時代）と古代社会（三山対立時代）の間にグスクは発生をみたとされるものである。

奄美・沖縄・先島諸島を含む琉球文化圏には、およそ200から300前後の城（グスク）や御嶽等の石積み遺構が分布するといわれる。古代琉球王国形成の基礎としての「グスク」の発生については、いわゆる「グスク論争」が展開され、主な説には以下の三説がある。

（1） 聖域説…石垣に囲まれた神のいる、あるいは天降る聖所と神を礼拝する拝所とを一つにした聖域である。グスクが発生して相当時代が経過し、「世の主」時代になると初めて城が発生した。〜仲松弥秀氏「昭和36年・グシク考」

（2） 集落説…野面積みの石垣遺構…原始

社会の終末期より古代社会に移行する時期の防御された又は自衛意識をもって形成された集落。～嵩元政秀氏「昭和44年・グシクについての試論」

（3）按司居住説…按司たちによるグシク築城の目的は、支配者としてはまだ小さい地域豪族たちが自己の家族を保護するもので、範囲が狭く、私的なもの。初期のグシク。～当真嗣一氏「昭和52年・沖縄のグシク」

グスクの発生論について結論には至っていないが、その後、聖域・集落・城郭説の総合的解釈として、同時代的にみれば対立するが時代変遷史的にみれば矛盾はない（高良モデル）等の「グシクモデル」（発展モデル）を提示する試みもなされた。

つまりは、四方を珊瑚礁の海で囲まれ、原始の砂浜と山野の中で居住した先人は、定住の地を見つけ、そこから歴史を築いていったわけで、琉球石灰岩を利用した沖縄の石積みの土木・建築の歴史もここから始まったと言える。

琉球の歴史では、グスク時代、北山、中山、南山の三山対立時代、そして首里王統時代を経て石造文化は大きく花開いた。

琉球が最も輝いていた時代、近世琉球（第2尚氏時代後期）に三司官・蔡温がいた時代は中国福建省の中国文化の影響を最も受け、摂取したと言われる。この時期、13代尚敬を国王に勅封するため琉球を訪れた副使・徐葆光は1719（康熙58）年6月から翌年2月までの8ヶ月間の滞在記「中山傳信録」（原田禹雄訳）を著している。

その中で、「屋舎」の節で、「庭をとりまく垣や家の周囲の垣は、切石を積み上げて作られている。首里の大家の外回りの石垣は、みがきけずり、各面が切り取ったようになっており、きわめて堅固で美しい。」と記述した。同書に崇元寺も絵図があり、廟の周囲は石の自然形状を重視しつつ加工された石材を積み上げた石垣、すなわち「あいかた積み」が施工されている。

（1475年　崇元寺　創建）

このころ、沖縄の石積みの技術はすでに完成

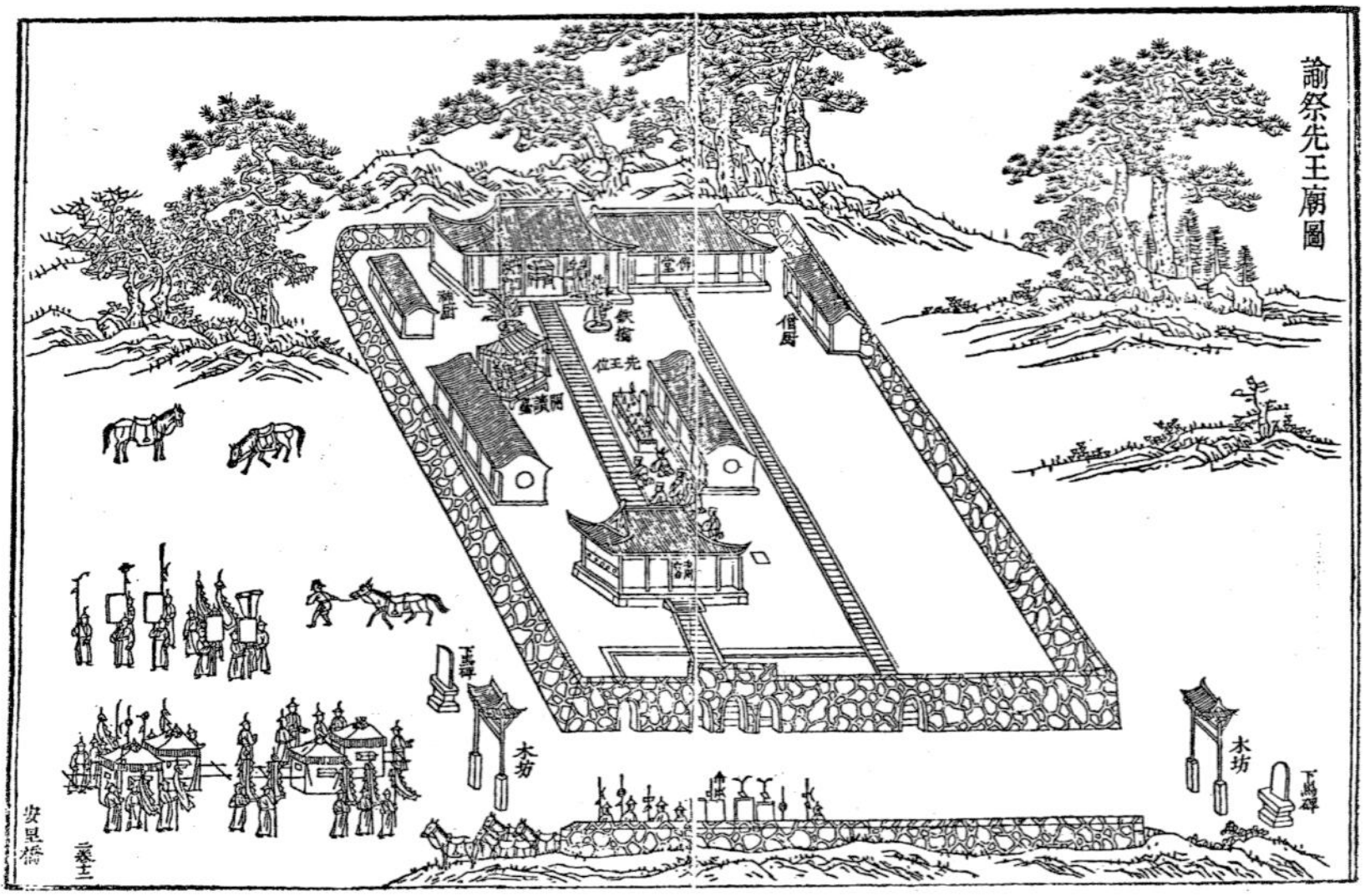

崇元寺（『中山傳信録』より）

の域にあったものと思われ、今日、世界遺産に登録されたグスク群のうち、首里城、今帰仁城、中城城などは沖縄の石積み文化の大きな成果として知られる。

沖縄では、城郭以外にも、幹線道路の登道の石畳道、河川をまたぐ石橋などの土木施設、身近な集落環境としての石積み、石造の生活遺構、建造物が多い。例えば、井泉（カー）、ひんぷん、フール（豚小屋）、家の塀（石垣）、門柱、御嶽、墳墓（亀甲墓など）があり、沖縄という個性ある環境風景を形成し、いわば沖縄の原風景として認識されている。

「沖縄地域の原風景に関する研究～意識調査を中心として～」（上間清・『しまたてぃ』第13号掲載）によれば、沖縄の原風景を意識するものの指摘頻度では、自然系（亜熱帯の植物、花、樹、サトウキビ畑、青い海、砂浜、珊瑚礁、雲、風など）と同じレベルでグスク・石垣・亀甲墓・石畳道など石造建造物が指摘され、歴史的景観にとどまらず、現代においても土木施設・構造物の築造にあたってその石積み工が沖縄らしさを表象するものの代表として位置づけられている。

ここでは、全国的にも石積みの歴史遺構として重要な位置を占めている沖縄の城（グスク）や独自のアーチ構造を持つ石門や石橋を中心に、沖縄文化の所産である沖縄様式ともいえる独特の石積み工の特徴について触れるものとする。

■石積み工の構造的特徴

（1）石積み工のパターン

沖縄の石積みの工法は歴史的発展を遂げており、その過程で沖縄独特の工法も定着していったと考えられる。

まず、石積み工の代表的なパターンについては、次のように整理ができる。

①野面積み

最も簡単な積み方で、琉球石灰岩の自然の石をそのまま積み上げる方法である。積み上げただけでかみ合っていないため余り大規模なものは出来ない。野面積みは粗野な反面自然に近く荒々しいたくましさを感じさせる。野面積みは、沖縄においては、先人が石を使って物を構築しようとした初期の工法であったといえよう。

②布積み（整層積み）

方形に加工した比較的おおきな石を基本に、寸分の狂いもなく精巧に加工し積み上げる技法を用いており、主に格式の高い施設の要所、門等の側壁あるいは大規模な屋敷囲いの石塀に用いられる。石積みとしては、重厚で

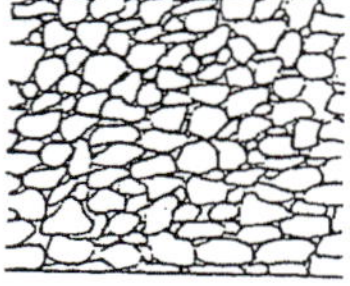

野面積み

野面積みの城壁
（垣花城跡）

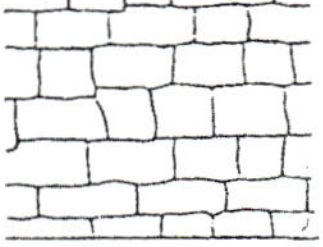

布積み

布積みの城壁
（中城城の一部）

安定的な印象であるが、琉球石灰岩の気孔のある石面は重量を軽減する効果がある。

③あいかた積み

亀甲乱れ積みとも称される。石積みの進化した最も一般的な積み方で、石をほぼ６角形に近い形状で切り出した形を基本に様々に変形させながらきっちりと組み合わさるように仕上げる。

沖縄の石積み工の特徴的なもので、連続した面の組み合わさった線形は安定的で石の硬質感を感じない柔らかなリズム感を持っている。いわば絵画的である。

石積み石材で使用される岩石は、地質年代第

園比屋武御嶽石門（布積み）

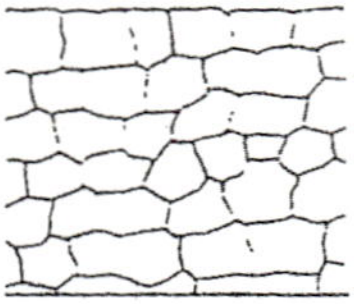
あいかた積み

あいかた積みの城壁（首里城）

３紀から第４紀にかけての石灰岩、特に第４紀石灰岩（珊瑚石灰岩）が最も多く用いられている。しかしながら、基本的には城近傍で採れる石材を用いたものと思われ、今帰仁城では本部地方で採れる堅牢な古生代の石灰岩が、野面積みとして用いられている。また、石材の大きさについては、最小２０センチメートル四方、最大７０×１９０センチメートルが確認されるが平均的な大きさとして、４０×６０センチメートル四方がどの構造物でも見られるサイズである。

なお、加工性の高い石材は、城門部側壁と城壁部の基礎部分などに使用されている。

（２）石積み立断面の形状

上記の代表的な石積み工によって構築された石積み構造物の断面、形状については、次のように整理が出来る。

高さ２メートルを越える城壁等の場合は、勾配は背面地盤からの様々な作用応力に耐えうる構造でなければならないため勾配は60度～80度と直立に近い石塀の場合よりも緩やかに設定し

ている。形状では、弓勾配にすると安定性が増し、デザイン的にも美しい。

弓勾配の城壁（座喜味城）

石塁断面の形状

あ：岩盤上石積み、い：雑積み、う：立ち積み
え：棒勾配石積み、お：下急上緩勾配、か：弓勾配

■城郭に見る石積み構造

沖縄の城は、山城、丘陵頂上部のその地形の自然形状に逆らうことなく曲線形状の城郭を持つこと、まるでうねるように龍の動くさまに似ている。そのことによって、城壁の高さも、幅も、全体面積も親しみの感じられるヒューマンスケールのものが多い。

（1）城郭の平面形状

沖縄の城郭の平面形状は、地形や地勢に逆らわず可能な限り調和させている。築城者は山頂部の自然形状に添いつつ石塁をめぐらし、利用平面の最大化を図ったものと思われ、その特徴は次のように整理出来る。

曲線形状の城郭（中城城）

① 城郭線は曲線を主体とし、直線の利用は限定的。
② 本土近世城郭の一般的特徴である壕構造（空ぼり、水壕）はみられない。
③ 力学的には、土留めの機能、空間的には

城内空間の確保と保護（自然の脅威、外敵等）が主たるものである。

④石の平面細部の形状は、特異の形状であり、凸凹曲線構造、蛇行構造となっている。

なお、凸凹構造では、左図に示すように、水平方向からの力（土圧）に対して石積みアーチを利用して抵抗する土留め機能を発揮している。

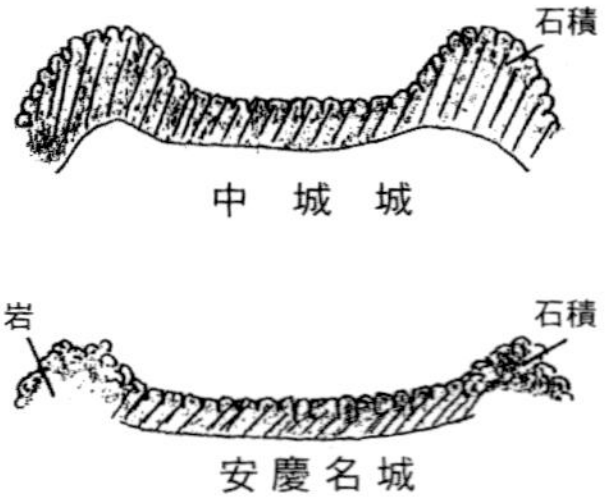

凸凹曲線構造
（中城城、安慶名城）

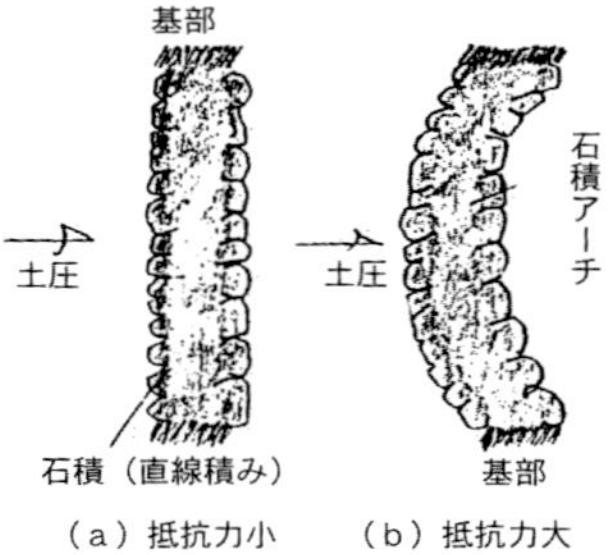

石積の平面構造と抵抗

（2）城郭の隅角部

城郭の隅角部は曲面処理が施されているが、これは石積みの角を無くすことで人当たり（風あたり）を良くする意味あいがあるとも言われる。

また、城壁隅角部の最上段には「魔よけ」（悪風かえし）を意味する「隅頭石」「角石」を設置し、独特の意匠となっている。

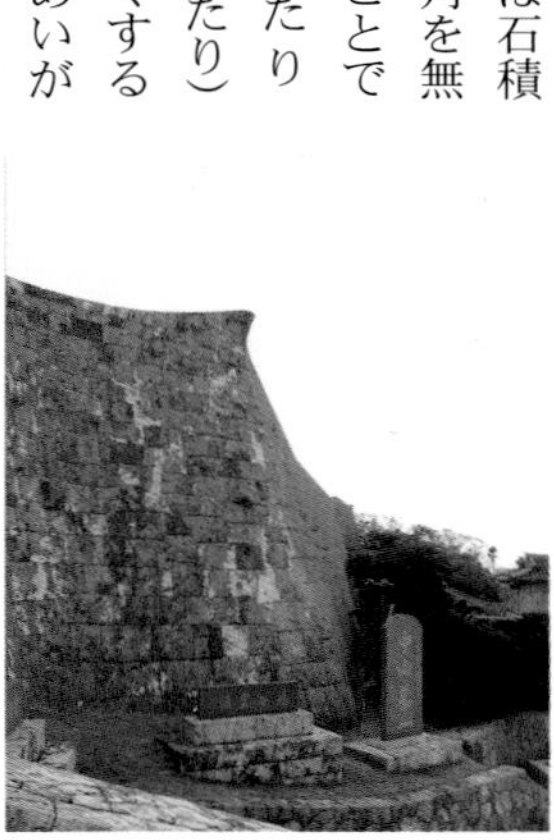
城壁の隅角部（首里城）

（3）城郭の石門アーチの構造

沖縄の石門アーチ構造の特徴は、石アーチ部分にアーチ形状の扁平に近い形に加工した石材を用いていることで、要石を用いず、アーチ石も2から4個と少ない。石橋の場合はその形が円弧に近いものが多いが、石門の場合は、アーチの円弧部分の半径がその開口部の幅員に対して大きく、ライズは0・32～0・41と扁平で三心円の円弧を示している。これには、円弧部を

1から3個のアーチ石で構築すればよく、この三心円弧のアーチは沖縄様式といえるものである。

また石門の縦横比をみると、美の規範である黄金律に近く、美感的にも極めて優れている。

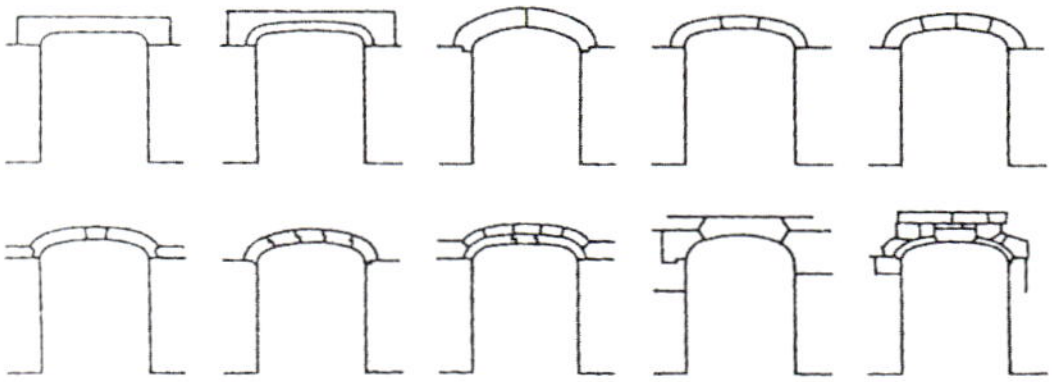

石門に見るアーチの形
『琉球建築』田辺泰著　昭和47年復刊
（株）座右宝刊行会より

崇元寺の石門

現存する石門アーチの寸法

構種＼寸法		寸法（m） W 幅員	H 高さ	RS ライズ	R 半径	W/H	W/(H+RS)	備考
石門	知　念	1.98	2.35	0.34	1.67	0.84	0.74	
	〃	1.23	2.12	0.41	0.67	0.58	0.48	
	崇元寺	1.74	1.76	0.34	1.33	0.98	0.82	左掖門
	〃	2.10	2.40	0.61	1.45	0.87	0.70	総　門
	中　城	1.96	2.45	0.37	1.60	0.80	0.70	
	〃	1.95	2.81	0.32	1.60	0.70	0.62	
	座喜味	1.93	2.46	0.33	1.50	0.78	0.70	
	〃	1.90	2.50	0.39	1.45	0.76	0.66	
	首　里	2.90	3.25	0.80	1.75	0.89	0.72	歓会門
	円覚寺	2.12	2.47	0.65	1.18	0.86	0.68	左掖門
	上天妃	2.0	1.80	0.40	1.50	1.10	0.91	
	（平均）	2.0	2.40	0.45	1.40	0.83	0.70	

■石橋アーチの構造

沖縄の古橋といえば、石造りアーチ橋である。石造りアーチ橋において、わが国でも沖縄は最も建設が早く、日本本土で初めて石橋アーチとしてかけられた長崎眼鏡橋よりも２００年以上も前にアーチ構法が伝えられている。

（1）石橋の分布と建設史

古石造橋は、沖縄本島では琉球王朝時代の開港地であった現在の那覇市の河川（国場川、安里川、久茂地川、それらの支流）や海中道路としての長虹堤、那覇市沖合の浮島（現在の松山・久米町以西、通堂から前島あたり）との海中路が大部分を占める。その他は、古都浦添の旧牧港に流入する牧港川河口及び嘉手納町と読谷村の町村界にある比謝川下流などに若干認められる。

我が国日本に先駆けて造営された沖縄で最初の石造アーチ橋で、１４５１年、国相・懐機に命じて作らせた石橋7座からなる「長虹堤」は中国伝来の技術が沖縄で開花した初期のものであり、その後、17世紀から18世紀にかけて集中

ヒジ川橋のアーチ

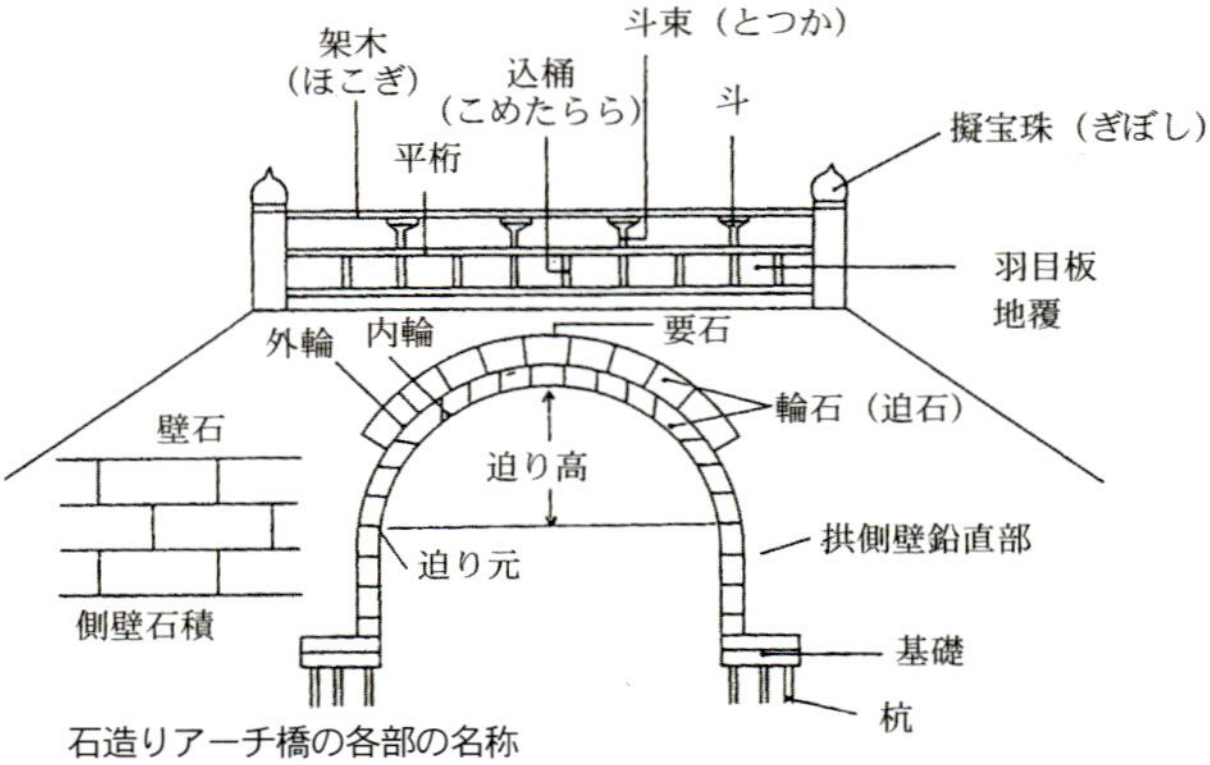

石造りアーチ橋の各部の名称

的に建設され、世持橋（1661年）、泊高橋（1699年）、真玉橋（1708年）、比謝橋（1716年）といった石橋築造が盛んに行われた。

（2）石橋アーチ橋の構造的特徴

沖縄の古石造橋は、側壁の石積み、開口部の形状、輪石などにおいて、九州の石造りアーチ橋とは異なった特徴を有している。以下にその特徴を整理する。

①側壁：沖縄の石造りアーチ橋の側壁の石積みは多くの場合、自然石の野面積みであるが、城郭の石積工法で用いられてきた自然石の輪郭形状を生かしつつ、隣接石をかみ合いよく積み上げられた「あいかた積み」もみられる。石積み工法については橋梁建設の経緯において技術的変遷や進展はみられず、ほぼグシク建設の経験から定着したものと思われ、財政的理由から石積工法を選択していると思われる。それに対して九州の石造りアーチ橋の側壁は布石を用い丁寧に積み上げられている。沖縄の石橋よりも比較的大きな石材を用い高度な石積み技術を駆使している。

②アーチ部：沖縄の石造りアーチ橋が基本的には城門アーチの技術の延長上にあると考えられ、鉛直側壁を伴い、輪の形状に半円に加えて扁平形状がある。半径は5から7メートルあり、橋長方向に緩い曲線を配するなど、城（グスク）の石門にみる当時の石積み・石造工法の技術が広く伝承、伝播されたことが伺える。なお、九州の石造りアーチは側壁を用いる例はほとんどなく、基礎部分からアーチが形成されている。ま

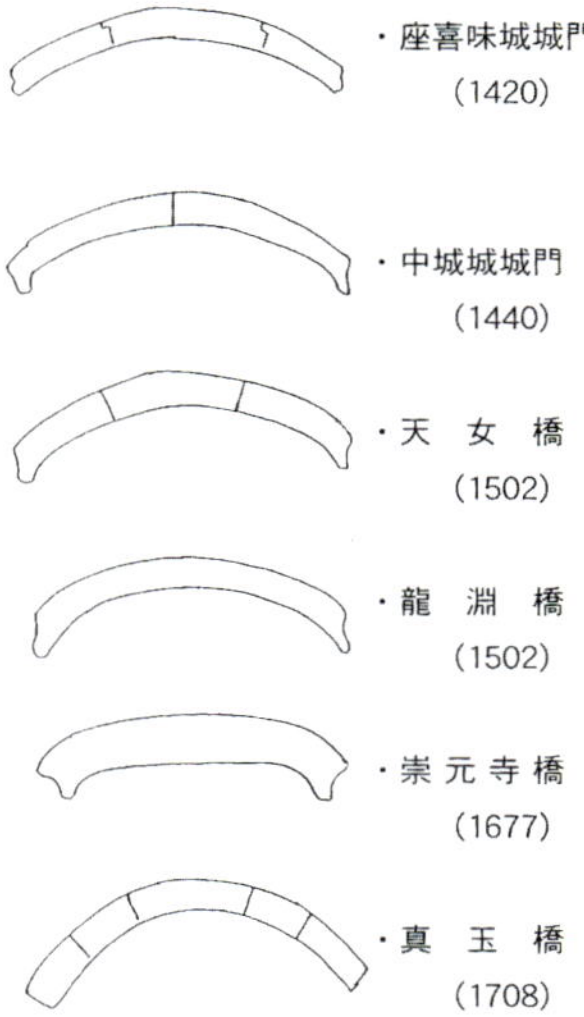

石造りアーチ橋の一般形状

た、沖縄の石造りアーチ橋の基部には「潮止め」と称されるアーチ基部を保護する工法があり、真玉橋、牧港橋、崇元寺橋などにみられる。

③アーチを形成する輪石：沖縄の石造りアーチ橋の場合、アーチ部を形成する輪石はアーチの経に比較して、相対的に大きいのが特徴であり、輪石そのものに曲を与えて少ない石数でアーチを形成している。九州のアーチ橋は直方断面に近い形状を用いており、長い弧を持った輪石を用いる例は少ない。曲輪石を用いた工法では要石の利用は特に必要なく、沖縄の石橋では要石と断定しうるものは見あたらない。

天女橋の欄干

(3) 沖縄の石橋の欄干

沖縄の古石橋の欄干は、牧港橋、真玉橋にみられる直方の角石をそのまま、あるいは排水のための孔などを若干加工したものから、天女橋や世持橋などのように手のこんだものまである。なかでも放生橋の支柱や羽目板の獅子柱頭、蓮華や雲鶴などの浮彫のあしらいは、中国の明朝風の様式を琉球風に表現したものとして評価され、他府県にも例がないといわれている。

■石畳道

沖縄にある石畳道は、城門各所を結ぶ歩道など城（グスク）関連のもの、踏道（集落間の幹線道路の登道）、首里金城町などの旧首里の集落内の石畳歩道などがある。

石畳道の舗石の平面的配列方法は、大小の石を石畳道の形状にあわせて、基面を整えつつ並べて行くものであり、そのかみ合わせについては精粗がある。

例えば、浦添当山旧街道跡、ヒジ川ビラ舗道、末吉宮登道などの重要な街道や登道では、丁寧な工夫がみられるが、他については配列工法に特別な新古の差はみられない。また、石畳道の幅員は一定ではなく、おおむね2〜3メートルの範囲にある。勾配については、比較的歩行距離の短い城（グスク）内は別として、集落内の石畳道では1／2（50％）から1／3（33％）の勾配が限界値であったと考えられ、現在の道路構造令や建築基準法の内容ともおおむね符号している。

首里金城町の石畳道

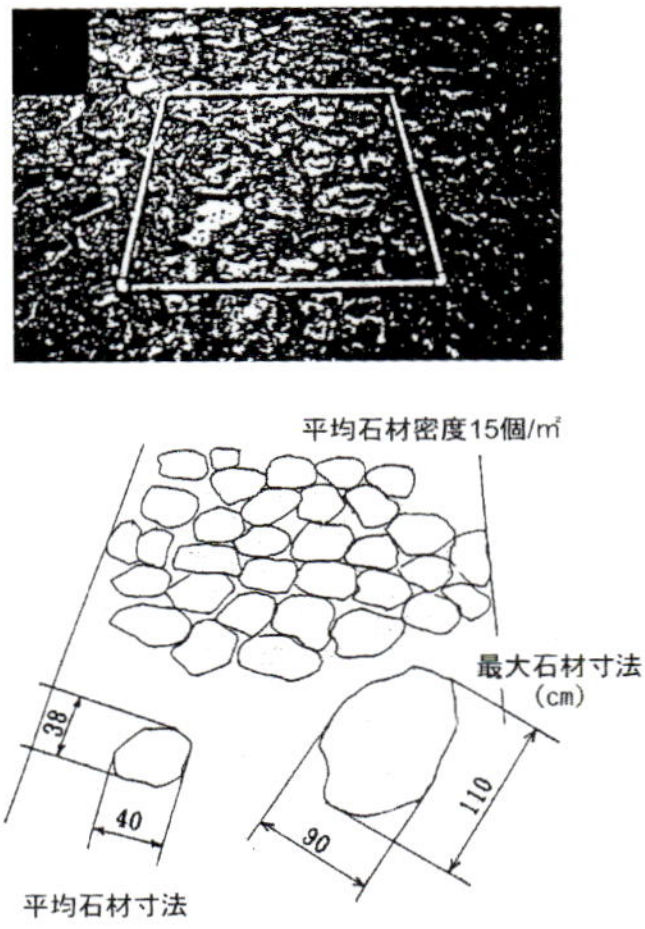

首里金城町石畳道の舗石石材の寸法

なお、最急勾配になると階段（けり上げ高10〜17センチメートル）が取り付けられている場合が多い。

■井戸

沖縄では、12世紀から16世紀に築造された城（グスク）の内外に井戸が認められる。それらは、古代の形態をし、小型の掘り下げ井戸（地下水を得るために掘り下げられた井戸で、深さ約2メートル程度）や囲い込み井戸（地下水を得ようとして掘り下げたものではなく掘り下げが認められてもせいぜい深さ1メートル程度）が多い。また、近世琉球の古代村落においても古島や元島に所在する古式タイプの囲い込み井戸や掘り下げ井戸が多くみられる。その後、井戸は個人所有の井戸として屋敷井戸に、そして現村落の井戸（ムラガー）として変遷してきた。

古式タイプの囲い込み井戸については、岩盤、土、石積みで囲い込みされており、樋川（ヒージャー）、穴川（アナガー）、クラガー、ウリガ

寒水川樋川（スンガーヒージャー）

ー等と呼ばれている。特に王府のあった那覇市首里近郊では石積みによる高度な井戸築造技術がみられる。那覇市指定文化財になっている寒水川樋川（スンガーヒージャー）は「あいかた積み」の入念な石積みが施されており、那覇市の指定史跡である金城大樋川（カナグスクウフヒージャー）、潮汲川（ウスクガー）も、周囲や背後を「あいかた積み」の石積みがなされ、石畳道や周囲の景観に組み込まれている。

■集落の石垣とヒンプン

沖縄の地方集落では、屋敷林とともに石垣によって屋敷を囲うことが一般的である。

現在、特徴ある石垣を有する集落としては、竹富町竹富島の集落、石垣市白保集落、伊平屋村島尻集落、伊是名村伊是名集落が挙げられる。

竹富島は離島観光のメッカとして、沖縄の代表的島となっているが、整然とした格子型道を形成している石垣（比較的低く、高さ約1.4メートル前後）と赤瓦の家並みが調和した景観を呈している。伊平屋、伊是名島では、近隣海中から採集した平たい形状の石材を工夫して用いたり、島尻集落では、家の軒高に比べてかなり高い石積みを用いて、地域にあった工夫を凝らしている。

また、沖縄の集落では民家の屋敷の門奥に

竹富島の石垣

伊是名村伊是名の石垣

屏風状に造られる目隠しのための築造物であるヒンプンが石造りで造られている事例も多い。ヒンプンは中国、朝鮮の形式から影響をうけたものと考えられる。

おわりに

沖縄の石積み構造物は、建築学、土木工学、歴史学、文化史、考古学等のさまざまな分野から、多くの研究者が注目する貴重な存在である。また、われわれ土木分野からは、個性ある地域の歴史や構造物の建造の視点から極めて重要である。

歴史景観にとどまらず今後の建造物における沖縄らしさの表徴としても石積み工法は重要であり、現代建築物、現代土木構造物において、地域の伝統を踏まえた石積み工法の伝承が進むことが期待される。

参考文献

名嘉正八郎著「琉球の城」『沖縄のグスク』所収　１９９３年刊

「沖縄の石積み工と石材に関する研究」（平成10年度卒業研究・琉球大学工学部環境建設工学科計画交通研究室）

「沖縄の伝統的石積み工法のマニュアル化に関する研究」（平成11年度卒業研究・右に同じ）

田辺泰著『琉球建築』　１９７２年　座右宝刊行会

徐葆光著　原田禹雄訳『中山傳信録』昭和57年　言叢社

鎌倉芳太郎著『沖縄文化の遺宝』昭和57年　岩波書店

上間清著「沖縄の石造構造物に関する土木史的研究」　１９８７年

『沖縄大百科事典』沖縄タイムス社発行

久保孝一著「真玉橋之記」平成２年

長嶺操著『沖縄の水の文化史』平成３年

温故知新と土木学

～「まとめ」にかえて～

上間 清
Kiyoshi Uema
琉球大学名誉教授

■ 土木学の理念と歴史理解

土木工学、土木技術、土木工事等々の「土木」という日常語は、寸考すれば、字義の上では、味も素気もない物の名称「土」と「木」の組み合わせに過ぎない。社会資本を形成する構造物や施設の建設、また、これらを支える工学と技術の集積など、今日われわれがイメージする、巨大な土木界を表現する言葉として、何故「土」と「木」なのか。不思議な思いを抱く方々も多いであろう。

これについて先達の説明は次のようである。そもそもの土木という語の出典は、中国漢代の淮南《わいなん》王の撰になるという道徳を基に編集された『淮南子《えなんじ》』（全21巻）の「汜論」編にある「築土構木」であると言われる。すなわち土をもって築き木をもって構えを造る—ということであり、今日的には建造であり、土木と建築の総称であった。我が国における「土木」の語の使用は著名な鴨長明の「方丈記」（13世紀初期）が初出であり、先述の築土構木と同義で記述されていると言われる。※1 ※2　材料として土と木の重要性は、近世以前の建設の営為においては絶対的であり、土木の表現は正鵠を得ていると言えよう。

かつて土木学会では、この「土木」の表現の今日的使用の適不適についてかなりの論争が展開されたことがあった。それは、おおくの大学で、学科再編の過程で「土木」が次々と消え、「社会基盤」や「建設」、また「都市」等への名称変更が見られた時期のことであった。学会はその歴史的、今日的意義を再確認し「土木」を継承することとなり、今日に至っている。環境、生態系、景観・風景、アメニティーが土木工学とその技術構築の今日的課題となっていることを考えるとき、土＝地域・地球・資源、木＝森林、景観、生態系…と自然なリンクが想起できる土木という簡略表現は、古いと言うよりむしろ新鮮な印象もある。

さて、関連して若干の考察を進めたい。広く人の追求すべき普遍的な価値（目標）として真、善、美が示されることがある。その工学における敷衍として「用」「強」「美」がある。これは、道づくりに例をとれば、道はまず自動車・歩行者の交通機能に応え、長期の使用に耐えるべき耐久性を有し、かつ、地域の美観形成に貢献すべくその要素としての配慮が必要である―ということとなる。このうち用と強については、分析的、操作的、実験的な、いわゆる工学的な対応の可能性が高く、理論・技術に汎用的成果も少なくないが、美については、景観工学の論理・技術も進展はしているものの、土木が展開される地域の固有の条件と関わり合うことの必然性や、また、成果に対する客観的な評価の困難さもあって対応には常に困難さがつきまとう。技術者における、真摯な地域学習・理解の努力と造形化の感性の研摩が期待されるところである。

さて、最近話題の土木の関わりも顕著な「まちづくり」について、計画学の鈴木忠義氏は、前述の「用」「強」「美」に加えて、地域の人々の心のよりどころとなる場所の保全、保持の必要性から「聖」を加えるべきとの見解を提示しておられることを付記しておきたい。※3

さて、以上、土木に関わる原論的な事項を述べたが、これらのことからも理解されるように、もともと土木という学問と技術は、汎用の理論や技術のみでシステム化できるものではなく、「土木」が展開される地域—地形、土地、植物、気象、景観、歴史、人々—と密接な関連性を必然としていたということができる。巨大分水工事として我が国土木史に残る、延長10キロメートルにも及んだ信濃川大河津分水完成の記念碑（１９３１年）には「万象ニ天意ヲ覚ル者ハ幸ナリ　人ノ為 国ノ為」と刻まれているが、土木の真意を伝えている印象がある。

さて、高度成長期の規模拡大、機能偏重、経済支援偏重の土木界の姿勢は、惹起した諸問題に直面し対応努力を行う経験を経て、本来のあるべき「土木」の姿勢を取り戻しつつある。計画に地域コンセプトを問う、設計に当たって地域の景観を問う、環境の時系列変化を問う—現実成果の実質はともあれ、今やこのような認識が土木技術者にとって「常識」となっている状況は「土木の回復」の現れであろう。

左の図は、時代の要請に応えるべく提案された「土木学」のあるべき基本姿勢、理念である。これは多くの民・官・学の研究者や実務者が参加した研究会が数年かけて検討した基本姿勢に

「土木学」の理念

築土経国

CIVIL COSMOS

基本遵守則

基本対象　Ⅰ　**地球**　そこに存在する資源について無限から有限への意識の変換。

基本対象　Ⅱ　**自然**　征服する姿勢から循環の中での共生への自然観の転換。

基本対象　Ⅲ　**時間**　継続性と連続性の中での現在の認識。

基本対象　Ⅳ　**人間**　国境を越えた人々の存在の認識と地球・自然・時間に対する畏れと謙虚さの回復。

「土木学」の理念
（註）竹内良夫監修/栢原英郎編著：築土経国、山海堂（2001）この本の内容を筆者の理解でパネル化を試みた

関わる内容である。あるべき土木のパラダイムがよく表現されているように思う。「築土」は先述の「築土構木」、「経国」は経済の由来の「経国済民」から採られている。国の安寧と人々の救済を表現し、基本遵守則として、歴史に関わる「時間」を含む４つの事項が提案されている。

これまで種々述べてきた土木に関わる基礎的な事項も含んだ表現となっている。紹介する次第である。※4

■土木史の意義と造形

前節における「土木」の考察は、土木がその目標としての「用」「強」「美」にアプローチするにあたって、技術営為が展開される地域の歴史（土木史）や文化との濃い関係性を有することが必然であることを示している。しかし長い間、土木の分野では学問的にも、技術的にも歴史への関心は決して高いものではなかった。土木学会における数度の日本土木史の編集刊行・改定等も行われてきたが、土木史研究委員会が設置され研究が本格化したのはやっと１９８１（昭和61）年のことであった。

近年は近代土木遺産に関する組織的調査や道路、港湾など個別史の出版などもあり成果も得られてはいるが、大学の土木系の学科に土木史の講義や講座があるのも極めて稀有なことなど、建築学における対応とは依然として大きな格差があるというのが実情である。土木史の研究と学習の普及は土木工学・技術における今日的課題である。地域においても課題は同様である。

土木技術者が「計画に地域のコンセプトを問う、設計に当たって地域の景観を問う、環境の時系列変化を問う」のであれば、地域の歴史や文化を踏まえることは欠かせない重要性をもっていると言わなくてはならない。

■沖縄と土木史

筆者は道路景観問題への関わりから、必然的に個性豊かな沖縄の歴史や建造物に関心をそそられ、これまでグスクの構造や原風景等について考察の経験があるが、この分野には多くの研究課題が残されていることを痛感している。

このような中、沖縄における総合的な建設情報雑誌である「しまたてぃ」（㈳沖縄建設弘済会発行、季刊）における「歴史に学ぶ土木事業シリーズ」※5は貴重であった。このシリーズの目的は「かつて王国を経営した琉球は、中国に学び日本や東南アジア諸国と交易を行いつつ独自の文化圏を形成した。土木事業についてはアジア的広がりをもつものが少なくない。琉球の土木事業を取り上げ、歴史的な背景や考え方を学び、これからの新しい社会資本形成に役立てること」であった。この特集には、歴史研究、集落研究、建築、地域計画等に従事する実績のある人々によって、沖縄土木史の重要事項や技術分野における対応のあり方等について論考が展開され貴重な情報源を提供している。本書はこの特集記事を基に企画刊行されたものである。沖縄歴史研究者、沖縄建築史研究家、首里城復元等に豊富な経験を有する実務建築家、都市計画実務のコンサルタント等、沖縄史および土木史的事象とその造形的表現に強い関心を持つ方々の持論を展開して頂いている。土木に比重を置いた、このような幅広い歴史的記述はこれまでなかったように思う。貴重な記録と考える。

思えば、土木施設や建築物はいつの時代でも、人々の政治的、経済的、社会的、生活的パフォーマンスの場、即ち、歴史の舞台を提供して来ている。このように考えると、人々がどんな思いで、われわれが造形した舞台で歴史を演じてきたかについて無関心でいることは許されないことと言うべきであろう。

執筆者のお一人高良倉吉氏は、土木事象に強い関心を寄せる希な歴史研究者である。氏はフィールドを重視し、歴史展開の現場へ頻繁に足を運ばれて居られるようで、「歴史の現場に立つ感動」をしばしば述べておられた。また、「技術史や土木史は単独で存在するのではなく、その時代や社会の人々の生き方と深い関わりをもつ総合的な営みの一環なのである。だからこそ、その営みを生活の現場で具体的な『かたち』として表現する技術や土木の問題は重要なのである」[※6]と述べておられる。われわれ土木的技術者には、その営為の４次元的意義を常に銘記する必要があるとの示唆である。

■造形寸考

これまで筆者は橋梁、道路を中心に種々の景観検討に関わってきているが、主なものとして次のような対象がある。沖縄県の県北域から列記すれば―塩屋大橋、古宇利大橋、恩納村歴史国道*、空港自動車道、那浦橋、とよみ大橋、巴龍橋、阿嘉大橋、伊良部架橋*、石垣市景観整備計画などがある（＊印は、建設中、あるいは計画中の未完の対象）。

これらはいずれも民官学のメンバーから構成される検討委員会における討議を経て対処されてきているが、いずれのケースにおいても、沖縄全体、あるいは対象地域の歴史や文化（伝承、信仰、自然観、歴史建造物等）や自然環境に関わる固有の検討課題があり、造形の結論づけがいかに容易でなく、真剣な検討が必要かを実感したことであった。なお、上記事例のうち阿嘉大橋（ＰＣバランストアーチ）と空港自動車道高架橋（ＲＣ連続アーチ）はそれぞれ、01年、02年の土木学会景観デザイン賞を受賞している。[※7]

これらの経験を踏まえ、景観計画・設計における地域個性導入の、期待される検討プロセスの提示を試みたのが次ページの図である。同図、ｓｔｅｐ６はフロー全体でも重要な位置をしめているが、そこには「地域個性導入の設計指針」が示されている。現在このような指針があるわけではもちろんなく、また、その必要性についても、画一化を懸念する立場から疑問視する意見も予想される。しかしながら、結果としての造形を提示する責めをおう土木技術者にとって地域固有の史的な、文化的な基礎事項や計画設計の目標景観または風景像、また、考察・分析の進め方について、共通認識としての「指針」は、一般に発散しがちな景観関連の意見の収斂にとって、重要であり、必要であると考えるものである。「指針」に関わる調査研究、検討対象も多々あるが、強い固有性があり沖縄の

道路・橋梁景観計画・設計における地域個性導入検討プロセス

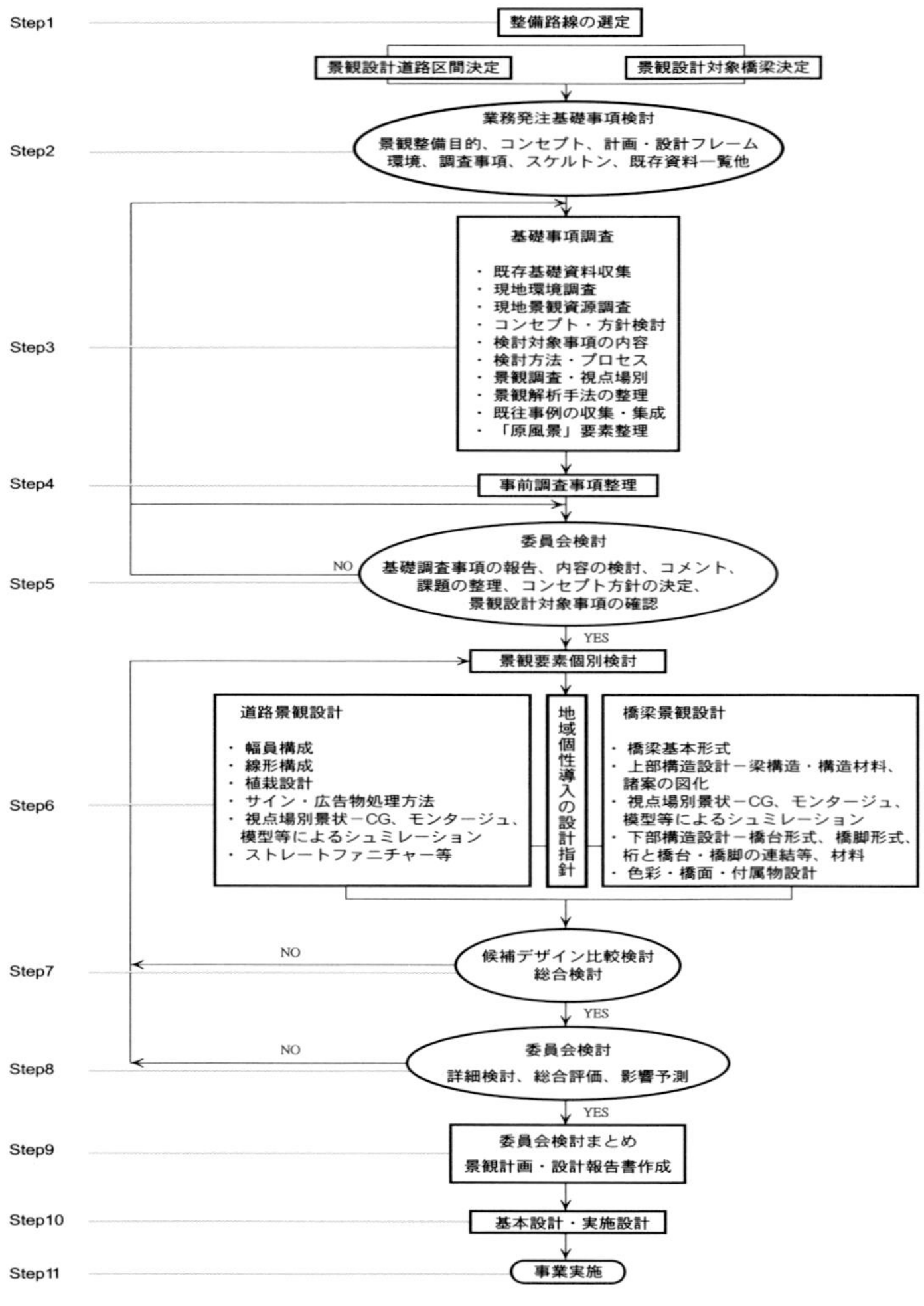
Step1
整備路線の選定
景観設計道路区間決定
景観設計対象橋梁決定
Step2
業務発注基礎事項検討
景観整備目的、コンセプト、計画・設計フレーム
環境、調査事項、スケルトン、既存資料一覧他
Step3
基礎事項調査
・既存基礎資料収集
・現地環境調査
・現地景観資源調査
・コンセプト・方針検討
・検討対象事項の内容
・検討方法・プロセス
・景観調査・視点場別
・景観解析手法の整理
・既往事例の収集・集成
・「原風景」要素整理
Step4
事前調査事項整理
Step5
委員会検討
基礎調査事項の報告、内容の検討、コメント、
課題の整理、コンセプト方針の決定、
景観設計対象事項の確認
NO
YES
Step6
景観要素個別検討
道路景観設計
・幅員構成
・線形構成
・植栽設計
・サイン・広告物処理方法
・視点場別景状－CG、モンタージュ、
模型等によるシュミレーション
・ストレートファニチャー等
地域個性導入の設計指針
橋梁景観設計
・橋梁基本形式
・上部構造設計－梁構造・構造材料、
諸案の図化
・視点場別景状－CG、モンタージュ、
模型等によるシュミレーション
・下部構造設計－橋台形式、橋脚形式、
桁と橋台・橋脚の連結等、材料
・色彩・橋面・付属物設計
Step7
候補デザイン比較検討
総合検討
NO
YES
Step8
委員会検討
詳細検討、総合評価、影響予測
NO
YES
Step9
委員会検討まとめ
景観計画・設計報告書作成
Step10
基本設計・実施設計
Step11
事業実施

景観要素として極めて重要な沖縄の石積構造については、早期の検討と成果が期待されていると考えるものである。

　土木は「用」「強」「美」。歴史マインド旺盛な土木技術者達による「沖縄美」づくりを期待したい。

参考文献

※1『土木資料百科』
成岡昌夫、新体系土木工学 別巻、
土木学会編、技報堂出版、
１９９０年

※２『中国古典名言事典』
諸橋轍次、講談社、
１９７９年

※３『人間に学ぶまちづくり』
鈴木忠義、(社) 九州建設弘済会、
２００３年

※４『築土経国「土木学の提言」』
竹内良夫・栢原英郎編著、山海堂、
２００１年

※５ 建設情報誌「しまたてぃ」
No.12～No.30
(社) 沖縄建設弘済会 監修・発行
２０００年４月～２００４年７月

※６ 建設情報誌「しまたてぃ」
No.12
２０００年４月

※７ The Landscape
Prize Design
Selection
２００１～２００２年
JSCE (土木学会)

座談会
遺産としての琉球土木史

高良倉吉（琉球大学法文学部教授：歴史）
上間　清（琉球大学名誉教授：土木）
平良　啓（株式会社国建建築設計部部長：建築）
安里　進（浦添市教育委員会文化部長：考古）
（発言順）

土木史の発見～土木としての3つの流れ

○高良　私のほうから、簡単にプレゼンテーションを行います。

テーマに「琉球土木史」という言葉を使ったのは、基本的には、琉球王国時代までの前近代史を中心にやったらどうだろうということです。

まず一つは、グスク時代という時代があり、沖縄各地で大型の城塞的なグスクが造られていたわけですが、その時代は琉球土木史を考えていく上でポイントの一つだと思います。

その後に、第一尚氏王朝が琉球全体を統一するわけですが、それ以降の土木史は、どちらかというと一種の国家土木の歴史です。記録に残っている点でいえば、例えば首里城とその周辺の整備、首里城と重要港湾である那覇港を連結する長虹堤の造営、あるいは首里城と豊見城を結ぶ真玉道の整備など、国家土木の色彩をもった形で歴史に登場する、という特徴があるように思います。それが古琉球時代の土木史の特質だと考えています。

薩摩軍侵攻（1609年）後の近世の時代になると、国家土木的な事業もありますけれども、どちらかというとと、産業政策や土地利用政策、あるいは交通政策、地方統治政策という形をとりながら、基幹道路の整備や橋の建設、さらには治水治山などを行っています。

つまり、土木としてのグスクの問題、古琉球の国家土木的な問題、そして近世に産業や地域振興の形で出てくる土木の問題、大きく三つのテーマがあるような気がします。

それでは、琉球土木史という言葉を聞いて、どのような関心を持たれているか、まず、土木工学が専門の上間先生にお願いします。

地域の歴史
～文化の総体としての景観設計

○上間　私は土木工学の出身ですが、土木におけるものづくりで昔日と大きく変わったのは、環境のこと、人間・地域の歴史を大切にする意識の向上だと思います。その現れが景観設計の重視でしょう。

その景観問題を考えると、どうしてもその地域の歴史や文化が必ず関連してくるわけです。私自身、沖縄の土木史を、石造構造物を中心に調べたり、学生に沖縄の原風景について研究させたり、そんなことをしてまいりました。

その間、印象にありますのは、日本の土木史の中で沖縄の土木事象が十分位置づけられていないということでした。

○高良　平良さんには建築の立場から、琉球の過去の土木的な状況に対する関心みたいな話を少し伺いたい。

○平良　私は、首里城や各市町村の歴史的建造物の復元や再現に微力ながら関わってきました。設計者の中でも、沖縄の歴史・文化に関わる機会が出来たと思っております。

先人たちが築き上げてきた造形物というのは、言葉はそこにはほとんど書かれていません。けれども、何か我々に語りかけるメッセージがあります。我々はそれを読みとる目が大事ではないかなと思います。

現代に生きる我々は、土木や建築で圧倒的なパワーと技術力を持っています。そういったことで、インフラなり建物をどんどん造っていくわけですけれども、それと往時の人が造り上げてきた景観、空間、構造美というのがどう結びついていくのか。あるいは、これをどう共鳴させながら今後やっていくのかという大きな課題があると思っています。

○高良　歴史研究の分野では安里さんが最も土木に近いというか、土木をよく理解できる研究をしてきたと思います。安里さんの中で、「琉球土木史」というキーワードを設定したときに、どんな問題意識が浮上しますか。

表現形態の工夫に関心

○安里　私は、グスクという建築物や近世の測量技術の研究をしていますが、これまで土木技術を特に意識したことはありませんでした。例えばグスクについても、どういう技術で造営したかという問題意識ではなく、グスクの全体形態から当時の政治的な関係などを分析することをこれまでやってきました。そのことをより理解するために土木技術を考えてきました。近世の測量技術の研究でも、技術の解明が目的ではなくて、近世の村という共同体を理解するための分析手段として測量技術の解明に入ったわけです。

私は首里に生まれて様々な石積みに囲まれて育ちましたので、石積みには人一倍関心があります。

首里の石垣や石畳は、沖縄戦で相当破壊されましたが、それでも私が子供の頃までかなり残っていました。固い石の積み方や形にあれこれの工夫を凝らしていろいろな雰囲気の石積みに仕上げています。このような首里の石積みを見てきたので、石積みの構造よりも、見せ方をどのようにしようとしたのかに関心を持ってきました。

琉球の歴史の切り口として

○高良　琉球王国時代、土木事業が集中的に推進されたのは、首里や那覇を中心とする沖縄本島の中南部でした。しかし、その成果は沖縄戦で徹底的に破壊され、戦後は基地建設や様々な開発によって消滅してしまいました。

琉球の伝統的な景観構造というものは、近世の状況で言えば、道路を造ったり、

橋を造ったり、といった首里王府を中心とした行政側の土木事業がその背景にありました。琉球の産業・経済の振興、地方統治の円滑化といった課題から様々な事業が推進され、豊かな景観が形成されたのではないかと考えております。

上間先生が言うように、景観というものは、実はその時代を生きた人々が様々な目的を持って創造した成果です。ですから、土木という問題は、土木工学という狭い分野の問題だけではなくて、琉球の歴史を生きてきた人々の活動や事業の成果である、という切り口が必要なのではないかと思うんですよね。

グスク築造の土木技術はいまだ解明されていない

○高良　グスクの歴史や文化を考えていくときに、グスクと土木の関係はどうなるのか。つまり、グスク論に話題を展開させずに、グスクを土木の観点から考えたときのポイントというか、切り口はどうなるのか、その問題について安里さん、どうですか。

○安里　グスクの研究はグスクの形とか立地とかの議論や、構造的な議論はされているけれど、あの石積みを実際にどうやって積んだのかということはよくわかっていません。

私は現在、「浦添ようどれ」での石積み復元に携わっていますが、これがなかなか大変です。当時の技術について具体的にわからない点が多い。つまり、発掘調査を通して石積み構造を土木技術的に解析していく研究がほとんどないと思います。

例えば、石垣を積むときには足場が要ります。今はビティ（金属製の足場）を組みたてるわけですが、昔はどうやったのか。石垣の隙間に棒を差し込んで足場にしたと思いますが、そういう具体的なグスク造営の技術論が考古学ではほとんど議論されたことがありません。

また、土木技術論だけでなく、グスクの石積みの形に反映された当時の琉球人たちの美意識の問題も大事だと思います。今の土木建築と前近代の土木技術の何が違うかと言えば、美意識のありかたに大きな違いがあるという気はします。

○高良　グスクを土木工学の観点で分析した本格的な仕事はないような気がしますが、足場を組む問題の他に、あの重い琉球石灰岩を持ち上げるための道具、例えば滑車のようなものを使って吊り上げたことも考えられます。上間先生はグスクについて書かれておりますが、土木工学的な観点からグスクを見て、ここがおもしろいとか、ここがわからないという点はありますか。

○上間　私も若いころ、若干グスクのことをフィールドを行ったことがありますが、その工法についてはどんな具体的な過程があったかについては判りません。

要するに足場を造って、石を道具を用いて引き上げ、これをどんどん高めていったと考えられます。それからすると、グスクの石垣の高さは、そんなに高いものではない。

基礎は一辺50～60センチメートル前後の立方体ないしは直方体と大きいのもありますが、大体自然石か一部加工したものです。木造の足場をつくって、数人で担ぐか引き上げる、そういう作業ではなかったかと思います。

それから、構造的に「曲」の形状がいろいろある。中城城には、内側に曲を用いる石積みの形状がありますが、あれは擁壁の構造としては合理的です。アーチというのは、その中心方向の圧縮に強い。円弧のある内側に土を詰めれば安定します。自然の等高線に沿ったような曲を造り、安定化を図っている所もあります。この曲の形の利用は、安定性や美意識、戦術上の要請があったかと思われますが、詳しくは不明です。

○高良　考古学を中心にグスクの発掘調査が増え、解明も進み、年々新しい情報が増えています。グスクが持っている歴史を考える情報の大事さみたいなものが共有されつつあります。しかし、土木史という観点で見たときに、やはり解明が遅れている。例えば、工法の問題で言えば、アーチ部のくり抜いた石を持ち上げたり、相方積みの城壁を積み上げていく際の足場の問題はどうかとか、いろいろあります。

首里城の外郭の城壁は、増築された年代が大体判っており、工事竣工を記念する碑文も建てられています。碑文には高さがいくら、厚さがいくらという記述はありますけれども、肝心の工法を知る手がかりが全く記されていないのです。だからこそ逆に、今残っているグスクの城壁を土木的に分析して、そこから工法の問題を解明していく必要があると思います。グスクを深く理解するためには、土木の視点が重要だといえますね。

○平良　今の話は、仮設工事の部分に入ると思います。

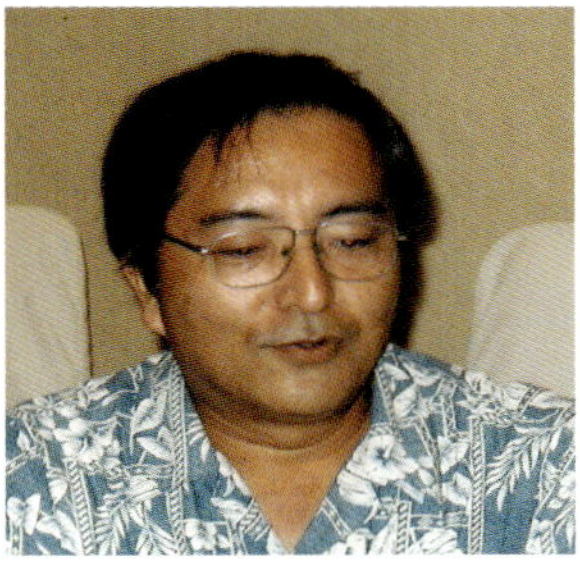

仮設工事というのは工事の一つなんですが、仮設というのは、文字通り終わったらなくなるわけで、おそらく考古学的にも、仮設の工法が残らないと思うんです。

仮設では吊り上げるという行為と、押していく行為があると思うんです。首里城正殿でも、素屋根（すやね）の問題がありました。

首里城を俯瞰的に見ますと、西側の木曳門までのアプローチと、木曳門から下之御庭（シチャヌウナー）までのアプローチは大体平坦です。そこから先、奉神門の基壇が1.8メートルぐらいの高さにあります。おそらくいろんな滑車、荷車とかで引き上げたという可能性はあります。

一方、奥に材料を持っていくといったときに、向こうが高ければこちらから土を盛ってスロープを造り、そこから材料を搬入搬出したと思います。正殿前の御庭（ウナー）、あるいは北殿・南殿、奉神門の整備のときには、おそらくそういったスロープを設けて、そこから材料を出入りさせた可能性があります。

構造物に見る美意識の反映

○高良　首里城正殿の改修工事の古文書記録を見ても、素屋根のようなものを作って工事をした形跡はありません。本体工事の補助的なものは資料に残りにくいということなのかもしれません。

もう一つ、安里さんが提起した美意識の問題は、グスクを考えるときに無視できないポイントだと思います。美意識は何に基づくかというと、それは一種の精神性みたいな問題だろうと思います。

技術的な問題ではなくて、表現する何らかの理由というか、根拠になる価値観がその背後にはある。多くのグスクを見て、そう感じます。

○平良　確かに先人たちの美意識はあると思うんです。真玉橋の連続アーチがなぜ美しいかといったときに、その中で石を使うという前提では、石のもつ限界点といいましょうか、特性といいましょうか、それを扱う当時の技術力、展開していく組織力、その三つの最終的な到達点があのような形になったのです。そこで我々現代人は当時の形はすばらしいと思うわけです。

今おっしゃる美意識プラス、その当時の到達点があの形になったと、最近思います。

○上間　今は物づくりでも、材料は世界のどこからでも集めることができます。建築のほうで、何かアラビア風な建物が設計され建築されることもありますが、ああいうことは当時は全くあり得ないだろうと思われます。材料の制限、組織力の制限、労力の制限、技術力の制限があり、そういう状況下で造られたからこそ、造形的に個性的なものができたということはあるのではないでしょうか。

中城城の石垣で、三の郭の凹形の石積みに、一見、不必要に思われますが、扇形の石が5〜6個あるんです。他は布石か相方積みであるのに、あそこだけは扇形の石を用いている。遊びか楽しみか何か変化をつけた印象です。何か楽しむということもあってやったのではないかと思うわけです。

○安里　一般論としては野面積みから布積みへ、そして相方積みへと石積み技術が変遷すると言われています。中城グスクの城壁の大部分は小ぶりの四角い石を積んだ布積みですが、一部には野面積みがあります。後に護佐丸が増築したといわれている三の郭は相方積みです。三の郭の相方積みを見ると、一個一個の石の形を相当意識をして積んでいる。とても印象に残る相方積みになっています。これを単純に石積み技術の年代差だけで説明するのは十分とはいえません。当時の石工や建築を指揮した人たちの美意識も強く働いているんじゃないかと思います。

海外交易の黒字を土木建築事業に投資

○高良　話題を少し変えたいと思いますが、大型の城塞的なグスクが登場した後に、琉球は首里城によって統一され、王国支配が強化されていくわけですが、では、大型のグスクを造ったあの技術は、その後どこへいったのかという問題があります。統一琉球王国時代に造られた橋は、グスクの伝統を活かした石造の橋かというと、じつはそうではなく、ほとんどが木橋です。有名な真玉橋も木橋であり、石造になったのは近世になってからのことです。

しかしそのいっぽうで、統一王国は首里城の外郭部分、玉御殿（玉陵）や園比屋武御嶽石門、弁ガ嶽石門、円鑑池などの石造構築物、あるいは真玉道などの石畳舗装の道路の整備、浦添から首里に至る基幹道路の石敷き舗装の整備などをしています。つまり、グスク造営の伝統を活かしている面もあります。グスクに集約されたかつての石造技術は、その後どのように流れていったのか、という関心で琉球土木史を見たらどうなるか。

○**上間**　私も同じ印象です。右側のほうにグスク系統、左のほうに橋を年代順に示した年表を作成してみると、まずグスクが出現して、それから橋が出てくる。グスクの技術が適用されたという印象が強いです。

○**安里**　14世紀から15世紀には各地で大型グスクをつくっています。海外交易が大発展を遂げていった時代ですから、貿易黒字をグスク造営に振り向けているんです。大型グスクを造営するためには相当量の鉄器がいります。鉄器は海外交易で入手しますので、その大部分を軍事施設に投入したことになります。しかし、首里王府の支配が安定してくると高良さんが今言われたように、大型グスク造営から石橋や道路建設に移っていくと思います。

現在、バブル経済の時代が終わって思うのですが、沖縄の15～16世紀もバブルの時代とよく似ています。貿易黒字を土木建築に振り向けて大型グスクを造営し寺院を建てる。そして道路をつくり橋を架ける。よく似ていると思います。

土木工事の資金は貿易黒字をあてました。では、大型グスクや橋や道路を造る技術はどこから来たかのという問題があります。私は、久米村人が重要な役割を果たしたのではないか。彼らの渡来によって中国系の土木技術が伝えられ、沖縄の土木技術も大きく変わっていったのではないかと考えています。

久米村と福建省に学んだ土木建築技術

○**上間**　国家的な事業をするとなると、どうしても技術マニュアルが必要だと思うんです。

確か営造方式というのがありまして。アーチの積み方については巻輂水窗《けんきょくすいそう》法として説明されていたと思います。中国では建造物の技術マニュアルといわれ、これが沖縄に導入されたのではないでしょうか。

○高良　中国の土木建築技法そのものが琉球でマニュアル化されて使われた、という痕跡はありません。明らかなのは、安里さんが言われたように、一部の地域においては、海外貿易による富をグスクとその周辺に投下し、大規模な土木建築事業を行っていたということですね。

薩摩の侵攻を受けた近世以降の動きを見ていると、初めて民生を意識した形の土木事業が展開してくるんです。木橋の大型の橋梁を石造にする、小さな河川にかかる橋も木橋から石造に代えるという目覚しい動きが登場します。その動きは薩摩侵攻以降の近世になってからのことです。

その背景にあるのは、風水説のエキスパートである久米村の人材の役割が大きいと思いますが、もう一つの問題は、琉球人の中に福建の橋梁技術を学んだ人材がいた可能性を想定する必要があります。

福建の河川は西側の山岳から始まり、東の海（東シナ海）に注ぐ。河源から河口までは断面で見るとかなりの高低差があるようですから、流れが速く、雨季になると激流となり、やわな構造の橋などは流されてしまうのです。有名なマルコ・ポーロの『東方見聞録』に、福州を流れる閩江に架かる橋の話が出てきますが、小船を横にたくさん並べて、筏を組むような橋、つまり浮き橋だったと書いています。激流の河を渡る一つの知恵だったのです。

その浮き橋が石造の橋に変わるのは、マルコ・ポーロが中国を去った後、次の明代なのです。今も福州に残る万寿橋がそれで、船の形をした水切りがあり、その上に橋脚を載せ、橋が造られています。

雨季になると激流になる、そういう川にかけるための石橋の土木技術というのがあって、それを琉球人は福建で学んだのではないか、と思うんです。その成果を活かすように、近世になって、首里や那覇と地方を結ぶ基幹道路とそれに連動する地方河川にかかる石造橋の整備が始まったのではないだろうか。そういう仮説を持っているのですが。

○平良　私は、その木造から石に変わるという点が大きなポイントだと思うんです。そのときに久米村（クニンダ）の、いわゆる中国土木技術が先人たちにどういった影響を与えたのかというのがポイントだと思います。建築で言えば、守礼門が中国の三間牌楼の影響を受けているということが言われています。

駝背橋はよく中国で見たことがあります。沖縄では天女橋がそうじゃないかと。それに、橋脚の潮切り（スーチリー）ですね。中国の万寿橋にもあります。崇元寺橋や真玉橋もそうです。

ついでに言いますと、石高欄もそうです。石高欄は、首里城の正殿と奉神門、玉陵などに取り付いています。

近世土木事業への転換時期

○高良　安里さんは、琉球歴史回廊というプロジェクトに参加して、浦添城跡から首里の儀保に至る歴史の道を整備する一環として、安波茶橋の整備にも関係している。その仕事を通じて、土木の時代としての近世をどう見ていますか。

○安里　浦添から尚寧王が登場したことが一つの契機となって、高良さんが今言われた近世的な土木事業が始まるのではないかと思います。

首里～浦添間の道路を石畳舗装にして、そこに架かる平良橋や安波茶橋を石造に改修する。こうした尚寧王代の首里～浦添の土木事業が、近世17、18世紀に広く展開するようになる。ある意味で近世的な土木事業の出発ではないかと思うわけです。

尚寧王代の首里～浦添の道路整備では全て石畳にしたようですが、近世の宿道の整備工事では、財政上の問題があったと思いますが、谷間のアップダウンの斜面地だけを石畳にして、平坦部は石灰岩の石粉で舗装をやってます。

安波茶橋は沖縄戦で破壊されたので、浦添市ではその復元事業を進めていますが、橋脚の大きな土台石には、幅2メートル、高さ1.5メートル、奥行き1メートルほどの巨石が使われたと推定されます。ところが、大型クレーンでは足場の問題もあってこの巨石を深い谷底に降ろすことができない。結局、橋脚石を二つに分割して降ろさざるをえなかった。昔は、滑車や綱を使いながら全て人力でやったわけですからすごいですね。

王府による国土経営のための道路整備

○高良　安里さんが言うように、尚寧王時代の薩摩軍侵攻直前のその事業は、近世につながる道路整備のモデルというか、はしりみたいなものです。

文献歴史学をやっている者の目から見ると、近世の石敷き道路の整備や石造橋への架け替え工事は、ご存知のように、首里・那覇を基点とする宿道や宿次と呼ばれている交通・通信ネットワークの整備政策の一環です。

その場合に問題になるのは、一定規格の道路がまだ整備されていない場所、あるいは豪雨が降ったときに橋が流され、交通が確保できない場所、それを改善するための一種の国土経営、公共事業という形で事業が行われる。そのような整備ができなければ、首里城の行政行為は地方に届かないし、地方からの報告も首里城には届かず、税金も運べない。

ですから、単なる道路工事、橋の建設工事ではなく、民生にも顔が向いた行政的な仕事、つまり国土経営的な事業だったような気がするんです。

○安里　古琉球にも、首里城から那覇港を結ぶ真玉道を整備をして漫湖には長大な真玉橋を架ける事業がありますが、これは近世と違って、那覇港に屋良座森グスクという砦を造営して港を防衛するという軍事目的の道路建設と架橋工事です。

首里と地方を結ぶ近世的な幹線道路建設と架橋工事がどうして古琉球に行われなかったのかというと、古琉球王国の経済基盤が、地方の農村からの収奪ではなく、海外交易に依存していたからだと思います。近世には国家を支える経済基盤が大きく変わって、国内農村の収奪体制に転換する。そのために首里と地方を結ぶ道路や橋などの整備が進められていったと思います。

○上間　近世の人口や分布というのは分かっているのでしょうか。

○高良　蔡温の時代、18世紀中期で大体18万から20万人くらいです。そのうちの2割程度は首里や那覇の都市部に住んでいます。

○上間　国を治めるには川を治める、港を制する、道をつくる、もうこれは基本です。近世になって17～18世紀に、先ほど安里さんおっしゃったように、バブルで金が出きたということはあるかも分かりませんけど、人口の集中や分布に応じて、民を治めるのにどうしても交通網整備のニーズが出てくる。

そのニーズが高まってきたという背景はないのでしょうか。

○高良　もっぱら行政上の課題や政策がそうさせたということですが、商業の活発化という背景もあります。ただ、宿道・宿次という交通通信ネットワークの整備といっても、全琉球において同水準で行われたというわけではありません。例えば、首里・那覇から名護まではかなり整備されますが、名護から辺戸までの道路整備はほとんど貧弱です。

そのために、交通・通信網の北部方面の行政拠点として名護を位置づけ、不足の分は名護の間切番所から山原の他の地方・離島に連絡するようにしています。

○上間　向こうもまた別のネットワークがありました。

○高良　そうです。名護を拠点とする山原のネットワーク、海上交通を介して首里・那覇と宮古の平良と八重山の石垣につなぎ、平良と石垣を拠点に先島の他の離島とのネットワークを構築するというやり方です。首里城の権力の財政的・経済的な基盤は、基本的には地方・離島からいただく税金ですから、山原や宮古・八重山、多くの離島をネットワーク化できなければ、首里王府は存立しえないことになります。

ただ、基幹道路の整備が、沖縄本島の中南部において、大量輸送が可能なレベルにあったかというと、そうではないと思います。例えば、与那城間切に関する資料が残っていますが、税金を運ぶときは道路ではなく、那覇まで船で運んでいます。荷馬車が通れるような規格の、そういう体系的な陸上交通が確保されていたということではないのです。

首里から名護間切に出張する役人の事例がしばしば史料に登場しますが、朝早く首里を出て、読谷か恩納の番所に一泊し、翌日早朝に出発してやっと名護に到着します。ほとんど徒歩であり、荷物は馬の背に載せて運んだり、人夫が担ぐんです。重い荷物がある場合は、やはり船で運んでいました。

道路の整備が始まるのは明治の末期から

○安里　15世紀に朝鮮人が琉球に漂着します。彼らは、沖縄島の道路は高低が多く車両がないと言っています。これは、馬が主要な交通運搬手段になっていたようです。石灰岩台地地形でアップダウンが激しいからでもありますが、基本的には荷車が通れるような道路が整備されていなかったからだと思います。

　近世17世紀の「御当国御高並諸上納里積記」には、各村について税を算定するための「村位」（むらぐらい）が書かれていますが、首里から遠い村ほど村位が低く設定されていて、税が軽減される仕組みになっています。各村の税は、各間切の番所に集めたうえで地方の負担で首里まで運搬しますが、その運搬費の負担分は村位を低く設定することで相殺されているようです。こうした、農村支配の背景には、宿道などの陸上交通の整備による運搬輸送を前提にしているのではないかと思います。

　それでも山原地方の場合は、海上交通による運搬がずっと効率的だったと思います。
○高良　沖縄本島で荷馬車が通れるような道路の整備が始まるのは、郡道などが開発される明治の末期からでしょう。琉球処分（沖縄県設置）後に糖業の規制緩和が行われ、沖縄のほとんどの地域でサトウキビの作付けと、そして製糖が始まり、出荷額が躍進します。それに連動して、砂糖樽を運ぶ馬車や牛車が行き交うような道路が整備されるのです。大正時代に登場する沖縄県営鉄道も、そのような流れの一つだと言えます。

　19世紀の中頃に行われた首里城正殿の修理記録を見ると、山原の国頭の西海岸側で伐られた材木は船に積んで那覇港や泊港に、東海岸で伐採された材木は船で与那原港に運ばれ、それぞれの貯木場に納められている。陸を運ぶのは、貯木場から首里城まで引っ張るときだけです。
○平良　土木と建築の視点で考えるときに、昔は土木と建築というのはおそらく一体化した中で展開されていたと考えられます。冊封使の歓待にしても、長虹堤があって、迎恩亭があって、天使館があって、スラ所とかあります。そういった意味では、道路ができる、橋ができる、要所には建物が建てられ、冊封使歓待の一つの機能を果たしていたのです。
　もう一つは、先ほど話のあった宿道です。琉球国惣絵図を見て興味があるのは、それぞれの間切の入口に番所があります。いわゆるネットワーク的な話をすると、宿道があって、首里から延びるネットワーク、そこに各間切、あるいは村に番所がある。大変おもしろいと思うんです。そういった土木事業と建築の機能というのがしっかり位置づけられていると思います。

　番所というのは、ご存知のように、役所機能と宿泊機能があるんです。このことは、地理的な位置、当時の体制というのが、建物の機能が空間に反映されているという一つの例です。そういった視点に立ったとき、各地にあった番所のネットワークをどう構築するか、それが地域のコミュニケーションの場であったり、また地域を発信する場であったり、いろいろ考えられます。

読谷の喜名番所では、地域の人々は「読谷の番所は中頭の交通の要衝だった。そこからヤンバルに行ったんだ。」というふうな、地域の自信と言いましょうか、誇りみたいなものがあります。これは着目点として大変おもしろいと思います。

市民からの自発的な小規模土木事業の展開

○高良　もう一つ注目したいのは、『球陽』に出てくる事例です。例えば、日照や旱魃で困った民のために、自発的にため池や「水道（みずみち）」（灌漑水路）を造ったり、潮が押し寄せる海岸の一部に自前で護岸のようなものを造ったり、防潮林（抱護）の植林に貢献したりとか、ようするに村の生活者のレベルで、小規模の「民衆土木」ともいうべき美談が掲載されています。そのような感心の者たちを、王府が褒めて、表彰した記事が盛んに出てきます。

おおげさにいうと、王府が始めた土木事業が、農村や離島の民衆の中に浸透していくような感じがするんです。お上だけに頼るんじゃなくて、自分たちでも何とかしようとする動きがあり、その行動を逆に王府が奨励するという図式が見えます。

○安里　各地方で土木工事を展開するためには、土木技術のほかに大量の労働力が必要ですね。地方の労働力は、15、16世紀までは首里・那覇を中心にした大型グスク造営や寺院、道路、橋梁建設などの公共工事に動員されてきたわけですが、近世に入ると首里・那覇中心の大土木工事が下火になったという背景があると思います。そのために地方の労働力が近世になると解放されたというか、そのエネルギーが近世の農村に蓄積されるようになる。この労働力が、さきほど高良さんが言われた地域の土木事業を推進する大きなベースになったと思います。

○高良　大雨で道路が決壊したときに、王府が修理すべき範囲と、間切や村が対応すべき場所について、役割分担みたいな制度があります。統治する側からすると、そのほうが効率的だったと考えられます。逆にそういう制度が、その一方では自分たちの地域における土木的な関心を育てたかもしれません。そのような地域土木が、集落や屋敷、緑地帯などが構成する集落景観の基礎にあるかもしれない、と思います。

だから、完全に行政主導というか、お上主導だけで出来たものではなく、近世の民衆的な「農村の土木」を考える必要があるのではないか、そう思うんです。

○安里　例えば、近世の久米島ではダムをつくったり水路を引いたりという土木事業がほかの間切より結構多い。

近世に入ったら、水路を開いたりして王府から表彰される事例が『球陽』に出てくるのですが、久米島では大がかりな貯水池をつくって、それから延々と水田まで水を引き、丘陵斜面も水田化していますね。こうした開発が可能になった背景には、ダムをつくり水路を引くという先進的な工事が行われたからでしょう。

ただ、『球陽』を読んでも、どうして久米島でこうした水利事業が他の間切よりも展開したのかが見えてこない。私の印象としては、中国の冊封使が久米島に滞在することがありますが、そういう機会を通して中国の技術が流入する。あるいは、久米島の有力農民が首里に奉公にでていろいろな知識を身につけて帰るわけですが、そういう交流を通して新たな技術が入るということもあったのではないかと思います。

○高良　もう一つは、首里王府主導型で橋を架けたり、道を造ったり、あるいは防波堤を造ったりした場合、その事業に各地から膨大な数の人夫が動員されるんです。夫遣（ぶづかい）という税金の一種ですが、動員された人の中には、労働力としてかり出されたというだけではなくて、土木の何たるかを学習したと思う。つまり、労働力として動員された者たちが、そのノウハウの一部を自分の地域に持ち帰った、と想像するのです。

それは、首里や那覇あたりの墓の造り方や壺屋焼の厨子甕の使い方、歌・三線や踊りといった都市文化が地方に普及していく状況に似ていた、と思います。

王府時代の計画的な土木施工管理

○上間　ちょっと話が戻りますが、技術の関係についてお尋ねします。先ほど、技術基準とか基準書みたいなものがどうだったかという話題がございましたが。ものの本によると、いわゆる蔡温には「実学真秘」、「山林真秘」、「流水真秘」、「架橋真秘」というのがあったと。この内容は私よく知らないんですけど、計画、設計、工法に関することが書かれているんですか。どの程度の内容ですか。

○高良　「真秘」シリーズは、一種のマニュアル本です。「流水真秘」の場合は、河川の流れのパターンの観察の仕方、合理性のある橋の架け方といったものを、イラスト入りで説明しています。今で言う、流体力学のような理論的な問題をふまえたマニュアルという感じです。

○上間　計画、設計、管理とか、これらに対応するものは？

○高良　その問題を理論的に書いた本は知りません。ただし、おそらく、蔡温が指揮した羽地大川の改修事業を記した『羽地大川修補日記』（１７３５年）が、治水事業の計画、設計、工事管理の状況を示す点ではすぐれた記録といえます。

○上間　あのころの技術者は、橋を架けるとき「架橋真秘」を一応読まされたというか、これで教育されたというのはあるでしょうか。

○高良　プロジェクトチームの主体となるスタッフは、当然その知識を持っていたでしょう。羽地大川改修の記録を見ると、現場を何度も視察をして、どういう工事が必要かということについて検討しており、工事に必要な労働力や資材、工期を分析していますから、かなり計画的に進めています。

プロジェクトには若いスタッフも入れており、経験を積ませること、人材研修的な面も考慮していたと考えられます。

○上間　関連の記録を見ると、８月20日に首里から出発して、現地に着いて調査して、11月17日かな、もう工事が終わっています。

○高良　準備に時間をかけて、実際の工事は短期間でやっています。

○上間　こんな工事を2～3カ月で出来たんですか。一寸驚きです。

○高良　やっているんですよ。（笑）

○上間　この技術力もさることながら、動員など組織力がしっかりしてないと、これを３～４カ月で完了することは難しい。

○高良　準備期間を通じて、今で言うシミュレーションもやったと思います。

○上間　これを3カ月、4カ月足らずで完成。員数も10万人規模で各村々から農民を集めて。
○高良　動員の数は延べ人数です。
○平良　建築も全く同じです。例の１７０９年の首里城焼失。１７０９年に焼けて、基本的には１７１２年には多くの建物が再建されています。３年後です。１７１５年まで若干延ばしつつ、首里城の全容はすべて整ったという記事も高良さんが発掘してます。
　建築的に見ても大変な短い時間です。特に正殿は約1、２００平方メートルぐらいありますし、巨大な木造建築ということと、北殿、南殿、奉神門、その他の建物も大変な規模です。これらを基本的に3カ年、あるいは若干2年ほど延びたとしても、今でも信じられません。

　今の現代技術をもってしても、正殿が平成の復元でまる3カ年かかっていますし、設計で3カ年かかっていますから、スタートから6カ年かかっていますよね。当時の組織体制とか人夫について、何とか解明したいなという気がします。

遺産として生かすべき課題

○高良　そろそろ時間ですが、最後に、王国時代の琉球土木史という概念を念頭に置いて、これからの沖縄の土木事業の課題というか、あるべき姿につながる話題についてお願いします。
　上間先生が出されたところの、景観に配慮した土木事業ということなんですが、しばしばそれが薄っぺらに理解されてしまい、橋を架けたらその上にシーサーを載せる、というイージーな面がよく見られます。単に「らしく」見せればいいというのではなくて、現代の土木技術のテクノロジーというものをふまえながら、それに琉球的な景観をどう融合させるかが大事だと考えますが。

　この課題について、深く関わってきた上間先生からどうぞ。
○上間　私も景観のことについては関係するところがありましたが、どうしても現代の工学的な立場、いわゆる操作性、分析的に考えるという、そういう一面がありました。
　景観工学という分野があります。工学となると、どうしても分析的、解析的になったりするわけです。どんな要素があって、その要素を組み合わせると、沖縄らしいものはこういう要素で、こんな組み合わせになる。そして感応テストか何かを行って分析する。なかなかハートが入れ込み難い。あの頃の原風景みたいなことをイメージできる程度に、歴史を真面目に勉強する必要があります。

○平良　これからの課題という点では、手作りの味わいの創出というのがあると思います。それに、ヒューマンスケールを考えることも大切と思います。

次に、継承という点では、沖縄の素材に対してまだ愛着を持って継承されていると思います。

石工、瓦職人とか大工さんは、首里城復元以降育ってきていますし、大丈夫じゃないかなと思っているんです。

そういった流れの中で、現実に今、巨大な施設が出来てますよね。先ほど言いました現代土木の圧倒的なパワーとか、技術力でもって。

そういう意味で、現状を認識をした上で、先人がつくり上げてきた造形美を今後造り上げていく施設の中にどう組み込んでいくか、あるいは排除するのかという問題が横たわっているという気がします。

○上間　具体的には造形を具象的に表現しても、何か竹に木を接いだという結果を招くことが少なくありません。象徴的に表現すべきだという方もいらっしゃる。それでも、またちょっと分かりにくい点が出たりする。

○安里　現代沖縄の土木の大きな課題は、建造物の形の表現にあると思います。現代の土木技術は、構造力学とか技術的な面が優先して東京で造ろうが、沖縄で造ろうが皆んな同じものになる傾向があります。

しかし近代以前では、土木建築物を象徴する城郭を例にとりますと、琉球のグスクと日本の城郭は軍事的機能という点では共通しながらも、それぞれの表現形式は全く違います。琉球のグスクは曲線的な構造だし、日本の近世城郭は直線構造の城塞になっています。グスクが曲線構造になったのは、琉球人の感性に合っていたからだと思います。

現代の土木建築物の中には、沖縄の風景に調和しない、違和感を感じたり何となくおさまりが悪いものが多い。これは、沖縄の伝統的建築構造物から全くかけ離れた形にしていることに原因があると考えています。各種の公共工事から個人住宅の建物にいたるまで、現代の設計士や建築士は、沖縄の伝統的な技術や形から学んでいないのではないでしょうか。

最近感銘を受けたものに、県立博物館を囲う石垣の曲線美があります。この石垣は、かっての中城御殿の正門を構成した石垣ですが、普通は直線的に延びた石垣に門を取り付けますが、ここの石垣は微妙なふくらみのある曲面を持っていて、とても柔らかい感じを受けます。円覚寺の山門に上がる階段も側面から見ると微妙な曲面構成になっていることがわかります。石造建築物を直線構成にすると見た目に硬い感じがあるので、微妙な曲面を取り入れることで石を柔らかく見せているようです。また、高い石積みをあえて小さな石を使って積み上げて独特な圧倒感を出すという工夫もおこなわれています。

硬い石を使った建築物を、どうやって周辺の景観になじませて違和感が無く、そしてソフトに見せるための工夫と技術を、琉球人は７００年も営々と積み上げてきたわけです。これは琉球の土木技術の大きな遺産だと思います。こうした遺産が現代の土木技術に受け継がれていないのは大変残念です。

琉球の土木建築の遺産を再評価して、琉球人が時間をかけて完成させた形を現代建造物の中に取り入れる努力が、現代の土木技術の大きな課題ではないかと考えています。

○高良　これからの土木は、高い専門性を発揮し、世界のさまざまなノウハウやテクノロジーを導入してやることが基本です。その意味では、常に世界や高い技術のために開かれている必要があります。

同時にまた、個性を持って欲しいと思う。その際に、上間先生が指摘したように、上っ面をなぞる程度の知識で沖縄らしく表現することは避けたい。現代と過去を融合するような、そういう緊張感を持つことを願っています。

ただ、そうは言っても、琉球土木史のアウトラインを学ぶための、まとまった参考書のようなものがありませんでした。この座談会を含めて、琉球土木史に関する本がやっと出版されますので、この本をたたき台にして、認識が深められることを期待する次第です。

もう一つは、生活者のレベルでの土木という問題が基本なのですが、実際には政府や地方自治体の事業が大規模であり、景観に与えるインパクトが大きいわけですから、官の側において、事業に取り組む際の姿勢が大事だと思います。そのとき重視して欲しい大事な問題は、広い意味でのデザインの問題だと思います。だから、土木の専門家だけでデザインを議論するのではなくて、異なる能力や美意識を持つ人材にも参加してもらって、どう表現すべきか、ディスカッション出来る場をつくっていく必要があるんじゃないかと考えます。

では、これで座談会を閉じたいと思います。お疲れ様でした。

（平成16年9月21日那覇市「とまりん」にて収録）

■講　演■

琉球王国時代の公共工事とその歴史的背景

琉球大学法文学部教授
高良倉吉

●はじめに

「沖縄の土木技術を世界に発信する会」に招いてくださいましてありがとうございます。

沖縄の先人たちは土木関係の歴史的な事業を営んでおりますが、その歴史的背景について話をしてくれと言われました。内容的には不十分かもしれませんが、私の知っている話を、できるだけ分かりやすくお話をさせていただきます。

さて、沖縄県に住んでいる我々や沖縄を訪れる方々にとって、「沖縄」を考えるとき、沖縄的な風景というのがあるのだろうと思います。例えば、赤瓦屋根の建物、屋敷を囲む石垣、石垣そばの樹木、フクギという木であったりします。そういう木を植えている屋敷の風景。それから、鳥瞰的に見ますと、碁盤目状に計画された集落。典型的な例は恩納村の仲泊という集落や本部町の備瀬という集落がそうでしょう。そういった沖縄的なのどかな集落の風景というのがあるだろうと思います。

集落の多くは海岸近くに立地します。島の内部に入りますと、あちこちにサトウキビ畑が展開しています。そして、海岸に近いところに、中南部ではめっきり減って

おりますけれども、海岸のところに防潮林、沖縄の言葉で「ホーゴ」（抱護）といいますけれども、その防潮林を抜けていくと白い砂浜のビーチのある風景。国道58号などの海岸線の道路をドライブしていますと、ちょっと山手の斜面にソテツの群落、丘のところどころに沖縄独特の形をしたお墓、それは亀甲墓であり、あるいは破風墓であったりしますが、そういうお墓があちこちに点在している風景があります。そんな風景が県民や来訪者にいかにも沖縄的な風景として目に飛び込んでくるということだと思います。それから、住宅の中に入っていきますと、仏壇があって、そこに先祖を祀る位牌が安置されていたりするわけです。

　私がこれから話すテーマは、それらの沖縄的な風景というものがどういうふうに生まれたのか、という問題です。われわれが馴染んでいる風景は偶然にできたのではなくて、沖縄の歴史を生きた先人たちが様々な背景の中でつくりあげてきた風景なのです。もっと一般的に言いますと、沖縄的な風景というものは歴史的につくられてきたものだ、ということをご説明したい。

　そして、その風景をつくった先人たちの営みは、現在の言葉を使えば、公共工事、あるいは土木技術を生かした様々な事業というものに深く関連しています。つまり、その土地を代表する風景というのは過去の時間を生きた人たちが様々な目的や思いで、様々な事業というものに基づいて展開してきた結果として、その風景が生まれているのだということをご理解いただけたら、私の講演の役目は果たせるだろうと考えます。

●薩摩侵攻事件と琉球社会の混乱

　今から４００年程前の１６０９年、薩摩の島津氏の軍隊３０００人が琉球を襲ってきました。皆さんご存じの薩摩侵攻事件のことです。薩摩軍の兵士３０００人が沖縄に上陸して、首里城を目指すという軍事行動を展開します。琉球側もかなり抵抗しましたけれども、圧倒的な軍事力の差で琉球が破れるということになります。

　この事件は琉球社会に大きな影響を与えます。それまでは首里城に琉球の島々を統治する王がいて、琉球王国が形成されていましたが、この事件によって王国の政治的な自立性と主体性というのがかなり失われてしまいます。その上、薩摩藩は勝利者として、琉球王国の範囲だった奄美の島々、与論島以北の島々を薩摩藩の直轄領として琉球から割き取るということを行います。それによって王国の面積は、かつての3分の2ほどに減ってしまいます。

それから、薩摩藩は負けた琉球側に対して、毎年、多額の税金を払うよう納税義務を課しました。そのことによって琉球社会は大変な経済的なしわ寄せ、負担を強いられていきます。正確な数字は分かりませんが、当時の琉球の生産額の2割程度が毎年薩摩に持っていかれるという大変なダメージを受けることになったのです。

その結果、琉球社会はいろいろ変化していきます。当時の資料を見て感じますのは、琉球の人たちのやる気といいますか、気持ちが相当だめになってしまった。いろいろな腐敗、サボタージュが起こっております。当時の人口は10万人ぐらいで、現在の浦添市の人口規模ですが、上は役人から下は一般の庶民まで、やる気というものが相当にすたれてしまうという状況が、当時の資料を見ていると分かります。

きょうのテーマは、そういう苦難の時代から琉球社会がどう立ち直っていくのか、言い換えますと、琉球社会に再び活力を与えて、新しい時代をどう構築していくのか、そのために奮闘した先人たちの話であります。

●混乱期に立ち向かった政治家、羽地朝秀と蔡温

その代表的な人物が皆さんご存じの羽地朝秀と呼ばれる人物です。羽地朝秀という人物は、琉球の経済的な苦しさ、精神的な荒廃というものを青年のときから目前にして、琉球社会をどう打開していくのか、若いときから様々なプランを練っていたようです。彼はやがて首里城の行政府の中心的な地位に就任します。それから7年間、彼は「羽地路線」と呼ばれる政治的な大改革をします。

羽地朝秀は、当時の琉球社会の伝統、習慣といったものを無視して、今の琉球に何が必要かということについて、大鉈を振るって社会の改革をします。そういう改革をしなければ、琉球社会の沈滞というものを挽回できない、琉球に活力を与えることができないという強い決意のもとに、改革事業を行ったことが分かります。

7年間猛烈に仕事をしまして、彼が引退間際に書き残

した記録が残っております。自らの仕事を振り返ってこう記しています。「この7年間、頑張ったけれども、精も根も尽き果てた。自分としては相当に頑張ったつもりだが、この琉球社会に自分を理解し、支援してくれる人は一人もいなかった」と。彼はこう嘆いて、やがてその2年後にこの世を去っています。

協力者は、実際にはたくさんいたのでしょうけれども、しかし彼の激しいこの改革というものが当時の人々には必ずしも理解されなかった。孤独な改革者というイメージが彼にはありますけれども、時代状況を変えていこうとした人物が羽地朝秀であったわけです。

そして、羽地朝秀が敷いた改革路線というものを踏襲して、バトンを受けて、仕上げをした政治家が有名な蔡温と呼ばれる人物です。蔡温もまた首里城の行政府の重要な地位について、25年間にわたり改革路線を推進して、琉球社会が安定する状況をつくっていきます。

羽地朝秀に始まり、蔡温によって仕上げられる琉球社会に活力を再び与えるという大作戦、それに連動して実際にどんなことが行われたのか、どんな状況が琉球社会にもたらされたのかということを説明したいと思います。

●土地改良と産業開発

まず、羽地朝秀から蔡温に至る改革路線というものは、どのようなことを目指したかということです。例えば、産業経済の分野を見てみます。当時琉球は、薩摩に対して多額の税金を毎年払う義務がありました。それをそのまま放っておきますと、当然、琉球社会は経済的なプレッシャーに潰されてしまいます。改革者たちはどうしたかというと、薩摩への負担額は毎年決まっています。仮に当時の琉球経済のＧＤＰが１００億だとして、その20億ぐらいを薩摩にとられたとします。その20億という金額は基本的に変わらない。

羽地朝秀や蔡温たちがやった改革の大きな目玉の一つは、琉球社会の経済規模を拡大するという作戦です。１００億に対して20億は大変な負担です。しかし、琉球経済を２００億にする、３００億にする、そうすると20億というのは相対的に小さくなっていくわけです。琉球経済の規模を拡大し発展させる、そのことによって薩摩に対する負担額を小さくしていくという、そういう戦略がとられます。

具体的にどんなことをしたかと言いますと、それまで田んぼや畑として利用されなかった土地を見直して、そこをどんどん開発していくということが行われます。耕地の開発が非常に盛んになっていくわけです。

具体的に言いますと、例えば、集落のある場所が、畑として利用可能なところだと判断すれば、その集落を移動させるのです。移動させた後にその集落の跡地を畑として開発するということが行われます。

それから、村人の墓があちこちにある。その墓のある場所はこれも畑として利用できる可能性がある。そうすると墓地を政策的に誘導して移転させてしまう。墓地の跡地を耕地として利用するという、そのようなことが頻繁に行われます。

それから、沖縄には小さな河川がいっぱいありますけれども、その河口一帯に何とか努力して水田を開けないかといって、従来は利用されてこなかった河口部あたりを水田化していくというように、水田面積を確保するというようなことも随分やっているわけです。

ですから、言うなれば土地利用というものを見直す、そして見直した結果として、田んぼや畑というものの面積をどんどん増やしていって、そして全体として琉球の農業生産高というものを高めていく。そのことによって琉球経済の規模を拡大し、薩摩への負担を小さくするというようなことをやったわけです。

そして、もう一つ重要な経済政策が行われました。当時、琉球は中国と日本の両方と政治的にも、外交的にも経済的にも深い交流がありましたから、中国の市場や日本の市場というものをにらんだビジネスといいますか、経済政策を展開しております。その一つの例が砂糖です。サトウキビを栽培し、それを搾って黒砂糖をつくって売るという産業は、薩摩軍が侵攻したのちに琉球社会で起こっています。

儀間真常

儀間真常という人物が、中国の福建あたりから製糖技術を導入したというのは大変有名な話です。薩摩軍に破れて以降、琉球社会が大変な時代になったときに、サトウキビを栽培して、そして黒砂糖をつくるという産業が興ったのです。

それ以前の琉球にも、サトウキビという作物は入っているのです。それを庭の片隅に植えて、お菓子代わりにかじります。そういうふうにサトウキビを利用していました。そのサトウキビを畑で大量に栽培して、砂糖をつくるということはしていなかったのです。

海の向こう、東シナ海の向こう側に福建省がありますが、当時の琉球が頻繁に通っていた中国の土地です。そこは実は中国最大の糖業センターという性格がありました。当時の琉球の人たちは、砂糖を中国から買っていたわけです。完成品を中国から買ってそれを利用する。自分たちの土地には福建から持ってきたサトウキビを植えて、それをおやつ代わり、お菓子代わりにかじっているという、そういう状況だったわけです。

ところが、薩摩軍に破れて経済も人心も荒廃してしまう。何とか挽回しなくてはならない。いろんな課題を背負ったリーダーがいたわけですが、その一人が儀間真常でした。儀間真常もまた琉球に新たな産業を興さなければならないというので、中国から本格的に砂糖をつくる技術を導入したというわけです。

オーストラリア出身のクリスチャン・ダニエルスという学者がいますが、彼が詳細な分析を行っています。琉球に砂糖をつくる技術が儀間真常によって導入されたその時期というのは、重要なポイントがあります。福建というところは昔から砂糖を生産するセンターだったわけでありますけれども、その福建に、儀間真常が技術導入をする50年ほど前に、インドから一つの画期的な機械が入ってきた。インドの場合は綿花をローラーにはさんでこれを潰して、そこから糸をとるための機械だった。このローラーが福建に導入されて、中国人はそのローラーを使って何をしたかというと、実はサトウキビを搾る圧搾器に利用した。ローラーを回転させて、その間にサトウキビを入れて搾ってしまう。こういうものに中国人は転用したわけです。そうすると従来の砂糖を搾るという工程が一気に効率的になった。サトウキビをどんどん搾ってしまうという、新たな技術が登場してきたわけです。

そして、中国の福建ではこの機械の導入によって、それまでのサトウキビ面積だけでは足りない、原料供給が間に合わないというので、福建においてサトウキビ畑の猛烈な開発事業が展開されました。原料のサトウキビを、ローラーが回転する製糖工場に送り込むという、福建における新たな生産システムがつくられている段階に、儀間真常は、福建からこの技術を導入したのです。

沖縄に儀間真常がもたらした技術は何であるかというと、単に砂糖をつくる技術じゃなくて、ローラーを回転させてサトウキビを搾り取る、そして、そのために必要な原料供給であるサトウキビの作付けを広範囲に展開するという一連の技術システムが、琉球社会にもたらされたのです。儀間真常はこの技術を導入するときに、彼のスタッフを福建に直接派遣して、向こうで技術研修させて、ローラーとともに琉球社会にもたらして、その技術を琉球に定着させたのです。

クリスチャン・ダニエルス氏の研究を読んで、私が勉強になったのは、その時期にローラーを回転させてサトウキビを搾るという技術は琉球だけに伝わったわけじゃないことです。今のフィリピンや、ベトナムや、タイですとか、東南アジアにも同じ時期にこの技術が移転されているということです。

フィリピンやタイやベトナムの場合は、中国の人間が現地に出かけていって、向こうにローラーを持っていって、工場をつくります。そして農民たちを口説いてサトウキビをつくらせ、それを搾って砂糖をつくる。その完成した製品を東南アジアのマーケットに売り込む。あるいは中国にこれを輸出する。今の自動車産業とよく似ていますが、そういうことを行っていました。

新たな製糖技術というものは、琉球のように直接人材が現地に派遣されて、研修制度を通じて学び取っていくという方式と、中国人が直接現地にのり込んでいって、この事業を展開して定着させる技術移転という二つのタイプがあって、前者が琉球タイプというわけです。

この糖業の登場は、薩摩に対する経済負担を小さくし、産業規模を拡大しようという戦略の一つです。キビを作付けして、そして砂糖という製品を徳川時代の日本に売るという、そういう新しい産業経済政策を当時の琉球社会が取り始めたということです。

集落や墓を移転させて田畑をふやす、あるいは川の河口を利用して水田を確保するという、そういう耕地拡大路線が展開されましたけれども、もう一方ではサトウキビ畑がどんどんどんどん増えて、琉球を代表する新しいビジネスである砂糖生産も始まった。

従来の中国から輸入していた段階から、自らそれを生産して徳川時代の日本のマーケットに売り込んで、これでお金を稼ぐという、そういう新たな段階が始まったことになります。

●産業開発と森林資源

琉球の人口は着々と伸びました。薩摩侵攻の時は10万人、羽地朝秀の頃は15万人ぐらいで、蔡温の頃は20万人の人口になります。１００年間で2倍ぐらいの人口増加を達成したことになります。

しかし、問題が実はいろいろとありました。砂糖をつくるためにどんなことが起こったかというと、まずキビ畑を開墾するということから起こった問題です。首里城の政府はサトウキビ畑について、既存の畑や田んぼを潰してキビ畑に転換するようなことではなく、利用されてない土地を使ってサトウキビ畑を開けという指導を行っていたわけです。

そうすると、利用されていない土地にサトウキビ畑を開くことになり、村の人たちが薪を取ったり、牛や馬の草を刈ったりという森林が、サトウキビ畑の開発によって姿を消していくという、新たな問題が発生するわけです。つまり、林野面積が減少するという結果を招きます。

さらに製糖の過程では多くの木が使用されます。サトウキビは圧搾器を使って搾りますから、木でローラーをつくっていた。このローラーをつくるために、大きな松の木が切られていく、大木が少しずつ姿を消すという状況が発生します。

つぎに、ローラーで搾って汁を長時間薪で炊いて、水分を飛ばしてねばねばさせます。それに石灰を加え凝固させて黒砂糖をつくりますけれども、そのために大量の燃料が必要です。薪を得るために山に入って木が切られる。そこでまた林野面積、山林資源というのがだんだん減少するということを招く。

さらには、黒砂糖をつくった後に、これを徳川時代の大阪の市場に売ったわけですけれども、そのときに黒砂糖を入れる容器である樽をつくります。この樽をつくるためにまた木が切られる、ということが起こるのです。

つまり、新たな産業の展開は従来あった琉球の自然、林野といったものに大きなダメージを与えるという結果をもたらしたことになります。

人口も増えました。なかでも首里や那覇といった都市部で著しく増えました。首里や那覇の人口増加でどんな問題が発生したかというと、例えば、住宅需要が旺盛になります。当時は木造住宅ですから、住宅をつくるための資材であるところの木材が山で切られます。また、首里、那覇というのは都市ですから、その周辺に山はありませんから、中頭や南部、あるいは北部や離島から薪を買うという消費生活が始まります。そこでも多くの木が切られていくということになり、山林資源が少しずつ減っていくという結果をもたらしました。

それからもう一つは、例えば、首里や那覇という都市部と沖縄の各島々を結ぶ海上交通が盛んとなり、船舶がしきりに運航します。海運業が発達することで、当時の琉球に大きな影響を与えました。

沖縄の島と島で、人が行ったり来たりする。そうすることによって、様々な情報や物が運ばれたり、もたらされるということが起こる。例えば、分かりやすい例でいいますと、那覇の壺屋で焼かれた厨子ガメがあります。人が亡くなって洗骨をしたあとに、骨を洗い清めて入れる容器です。それは首里や那覇あたりで流行します。当然、離島の人だってそういうものを使ってみたいということになり、宮古島と石垣島の真ん中にある多良間島の墓を開けると、その墓の中から壺屋で焼かれた厨子ガメがいっぱい出てくる。その厨子ガメは首里や那覇の海運業者が多良間に持っていき売ったものなのです。

海運業が発達するということは、船をつくるのは木材ですから、造船が盛んになるということは、結果として山林資源にダメージを与える。琉球社会に活力を与えて、やる気を挽回したいという政策を推進したわけですけれども、その政策がもたらしたところのダメージというものに注目しなければならないわけです。

●蔡温による羽地大川の改修

蔡温が行った有名な土木事業があります。皆さんご存じのとおり、今の名護市、旧羽地村にあった俗に羽地大川と呼ばれている河川を改修し、水の流れをコントロールするという大変な事業が行われております。

蔡温による羽地大川の改修は、1735年から翌年の36年にかけて5カ月にわたって事業着手された大土木事業でありまして、それに動員された人夫の数は延べで9万3000人です。その事業が詳細に分かる記録が残っているのです。蔡温が中心になって、現場を何度も見に行っている。現場の川の流れや、どんなふうに氾濫を起こすのかといったリサーチ、調査を随分やっておりまして、それを基にしたうえで、どういう工事を行うべきかという検討が行われています。そして、事業計画が策定されて、それに必要な人手、予算、あるいは資材といったものについてのリストアップが行われ、そして5カ月間にわたって一気に工事をしてしまう。非常に段取りがうまく、効率のいい仕事をしていることが当時の記録から分かります。

その記録を読んでいますと、注目されるのは、蔡温というリーダーは、若い人材を事業に参加させている。つまり、彼は若いスタッフをそこに参加させ、事業そのものを研修制度に使っている。次代を担う人間たちを育てるために、このプロジェクトに参加させている。人材育成といったものを織り込んだ形の事業になっているという、大変面白いところがあります。そのような周到な戦略といいますか、計画性をもって行われた事業であったということであります。

●蔡温の政策遂行の根幹を成した出会い

蔡温は2度ほど仕事で中国に行っております。1回目は福建に行き、2回目は北京まで出張しています。彼は様々な事業を成し遂げ、やがて引退間際になったときに、自分の人生を振り返った「自叙伝」という本を書いております。この本の中で蔡温は、福建の福州に滞在したときに、自分の意識が大きく変わることになった出来事に触れています。

福州に凌雲寺というお寺があって、その寺を訪ねたときのことです。そこに哲学者といいますか、思想家といいますか、そういう人物が滞在していたようです。その人物から受けた衝撃といいますか、示唆といいますか、それを蔡温は書いているわけです。その人は蔡温に対して「あなたは相当学問ができる。では何のために学問をしているのか」と聞いた。蔡温は「学問で自分を磨き、そのことによって私の祖国の琉球の人民を幸せにしたい、それが私の学問をする目的だ」とその人に答えました。その人物は「では、何をすれば琉球の人は幸せになれるのか、具体的に説明してみろ」と蔡温に問うた。蔡温はいろいろ答えましたが、だんだんしどろもどろになってしまいます。

つまり、その賢者が言いたかったことは次のことです。人を幸せにする、自分の祖国をよくするといったときに、抽象的な概念ではだめだ。具体的に何をすればどういう効果があって、その効果がどういうふうに人々を幸せにするのか、具体的に展望し、具体的な手順といったものをしっかり見極めた上で勉強すべきだ。抽象的に概念的に人々のために役に立ちたいという、こんなものは学問ではない。こう批判されたことを蔡温は書き記しています。

蔡温は琉球に活力を与える作戦の仕上げを行った人物ですけれども、彼の仕事を見ると、羽地大川の改修のこともそうですけれども、要するに具体的です。彼は一般的な学問だけではなくて、たくさんの技術系の勉強をしています。彼は首里王府の行政のリーダーでしたが、彼自身が最高の技術者でもあったのです。そういう蔡温だからこそスタッフを引き連れて、羽地の河川改修工事というものを陣頭指揮できた。通常の行政や政治というものを担えたと同時に、彼はテクノロジーというものを分かっている人間でもあった。

●集落の移動と土地利用の見直し

琉球で土地利用の見直しが行われて、田畑面積が拡大していきました。ところがそのことによって林野面積や山林資源はダメージを受けた。蔡温は、この問題をどのように解決していったのでしょうか。

そこで行われたのが、杣山政策という政策です。

例えば、昔の集落跡を畑にして利用しました。集落を海の近く、砂地のところに移転させる。その跡地を畑にするわけです。従来、琉球社会では海の近くに集落をおいて、そこで生活をするということは、基本的にしていませんでした。ましてや海の近くに畑を開いて、そこで大豆とか、粟、麦といったものを作付けするということもあまり行われていません。

なぜなら、そこは台風の時期になりますと、サンゴ礁のリーフを波がたたき、強風にあおられて潮が上空に飛びます。それが強い風で島の中に注ぎ込まれて、塩害、潮害というものが起こります。土地利用としては非常に厳しいところです。そこに村が移動し、そこに耕地を開発するわけですから、当然、潮の害というものをどうやって防ぐか、そういう技術が求められます。

あるいはこういう問題もあります。従来の集落があった場所には近くに天然の湧き水があり、生活用水があるから生活できます。ところが、この場所から海岸近くに行きますと、そこは潮の害があるだけではなく水がない。そうすると何が必要かというと、湧き水ではなく、このあたりの水脈を考えて、掘り井戸を掘らなければいけない。井戸を掘ってそこから水を汲み上げるという新しい技術が必要になってくる。

集落の移動と土地利用の見直し、そのことによって新たな技術的課題が出てくる。それが井戸を掘るという技術です。そのためにはどこを掘れば水が出てくるかという観察が必要です。そういう技術者が出てくるのです。

浜の近くに村が移動し、その近くに耕地が開かれた。台風は毎年やってきますから、潮の害は毎年決まったようにやってくる。どうするかというと集落のある場所と海岸の砂浜との間に、分厚いグリーンベルトをつくる。防潮林をつくったのです。実はあの防潮林というのは、自然にできたわけじゃなく、当時の琉球王国の人たちがそういう新たな土地利用の中で考えた、潮の害をできるだけ減らすために人工的に頑張って植え付けた、人々が育てた森です。そこが島をぐるりと囲む。そのことによって潮の害を抑え込んでしまおうという、そういう工夫が行われて来ました。

蔡温の時代に大変面白いことがありました。例えば軽犯罪を犯した人、窃盗犯がいます。判決が面白い。判決は「おまえは防潮林に松の木を何本植えろ」という。つまり、罪をあがなうために植樹をさせる。植樹をすることによって罪をあがなうという、そういう罰則規定がある。罰と植樹というものをうまく抱き合わせた形の政策がとられたりする。ましてや防潮林から勝手に木を切ったりすることは、厳重に禁止することが行われました。

方言で「チャーギ」という木があります。イヌマキという木ですよね。その木を政策的にどんどん奨励していきます。それはなぜかというと、従来の沖縄で生えていた木よりは、イヌマキ、チャーギのほうが、シロアリが入らないとか、耐久性が高いのです。そのために政策的に優良樹種が奨励されて、その植樹がどんどん進められていくという政策もやっています。ですから、具体的に、それをやるとどういう効果があるかということを計算しながら、山林政策というものが展開されているということであります。

河川が暴れたらその周辺の水田がだめになってしまいます。そのため、水田一帯を安定的に確保するための河川のコントロール、治水が必要になってくる。どうしてもやらなければならない事業でした。しかも、蔡温がやった羽地大川一帯というのは、当時の沖縄本島の中で非常に優良な水田地帯でしたから、そこを鉄砲水によって水田が荒らされ被害を受けるということを避けなければならない。水田を安定的に確保し、そこから収穫を安定的に確保するためには、その前提になる河川に関するコントロール技術というものが大事になってきます。蔡温はその術を知っている。先ほど申し上げたような形の用意周到な準備をし、事業が行われたということです。海岸の砂地に進出したために、潮の害を防潮林の厚いグリーンベルトで防ぎ、害を小さくしようと考えた政策と趣旨は同じ事業だったというふうに思います。

●交通の発達

それから、船の問題ですけれども、造船需要が旺盛になります。島と島を結んで海運業が活発化します。

那覇港とか泊港が拠点港として使われていたわけです。しかし、そこは、例えば、泊港でしたら安里川という川が毎年、土砂を運んできて港湾を埋めていくのです。那覇港は久茂地川ですとか、国場川ですとか、そういった河川から流れ込んできた土砂のために徐々に港湾の水位が浅くなってしまうという問題が発生します。

それでも盛んに船は出入りしているわけですから、港湾機能というものを安定的に確保するために様々なことが求められます。その一つとして、泊港や那覇港の浚渫工事があります。その浚渫工事は交通拠点としての港湾を確保するという問題と連動しています。例えば、中国に行ったり来たりする大型船が停まる唐船グムイと言われているスペースが那覇港にありましたけれども、そこは深いところになると水深が5メートル前後もある。そんな深いところで、底に溜まった土砂を水中で掘削し除去するという、水中土木のようなものが行われていたことがはっきりしています。しかし、どのような技術を使って水中の土木工事が行われたのか、それを説明する資料が今のところ見つかっていません。

それから、羽地朝秀から蔡温の時代にかけて、道路が盛んに整備されました。首里城を中心に沖縄本島の各地と交通・通信ネットワークを整備しなければならないという政策課題が出てきます。そのために当然のことですけれども、道路整備が行われます。道路整備の一環として大変重要な問題は橋梁の問題です。それ以前までの琉球の多くの橋は、木製の橋が多かった。木造の橋は、雨期になりますと流されます。あるいは、劣化して腐ってしまって、架け替え工事をしなければならない、メンテナンスが大変でした。メンテナンスをしきりにやるということは、当時の行政にとってはそれだけ金がかかるなど、コストの問題を伴っていたので、羽地朝秀から蔡温の時代に多くの場所で、木製の橋から石造の橋に架け替える事業が頻繁に行われています。

当然ですけれども、石積みの橋をつくるためには、そのようなものを設計、施工、技術指導できるだけの技術者が当時の琉球社会で確保されている必要があります。では、どんな人たちが、橋梁土木や建築の専門家として存在していたのかは、当時の記録が残っているわけではありません。

例えば、沖縄の小さな河川の長さはそれほど長くはない。ところが川の流れが始まる源から、海までの距離は短いが、高低差があります。したがって、沖縄の雨期には半端ではない雨が降りますから、ものすごい量の雨が一気に川をかけくだって海に注ぐという、暴れる川が非常に多いと思うんです。そうすると雨量が集中する梅雨の時期に、しばしば橋が流される。橋が流された昔の記録を見ますと、梅雨の時期に多いわけですけれども、それに耐えられるような橋をつくらなければならないという問題があるわけです。糖業のセンターだった中国の福建省ですけれども、福建省の河川もそうです。西のほうに武夷山脈と言う山があって、東シナ海に川が注ぐ。閩《びん》江という川もそうですけれども、雨期になりますと一気に暴れて、相当な水量が東に向かって流れ海に注ぐ事になります。福建省ではそういう状況の中で、福建特有の橋梁建設技術が発達してきたといわれています。

　イギリスの学者にジョセフ・ニーダムという人がいますが、彼が書いた『中国の科学と文明』という本がありますが、その中で彼は福建タイプの橋に触れている。つまり、簡単に言いますと、川上に向かって水切りがするどい船の形をしている。その上に橋脚を建てて橋をつくるという石造技術です。よく残っているのは福建省の南のほうの泉州というまちです。泉州の郊外に洛陽橋という今から５００年前につくられた、福建タイプの代表的な石造の橋が残っています。琉球の人の中に、この福建の河川状況に見合った形の福建タイプの石造橋のつくり方、それを学んだ可能性がある。福建の石造の橋をつくる技術を琉球にもってきて、河川の規模は違いますけれども条件は一緒です。水に流されないような水切りをつけて、その上に橋脚をのっけて橋をつくる。真玉橋であったり、安里橋であったり、比謝橋であったりする、ああいう橋の基になったものが実は福建である可能性が高いというわけです。琉球人の中で中国に出張した人たちが向こうの橋を見て、その橋のアイディアを勉強して、それを琉球に持ち込んで、琉球の条件に合うような石橋をつくったのではないか。

　ですから、先人たちの文化の問題がどうとか、政治の問題とか、経済とか、あるいは薩摩との関係、中国との関係とか、いろんなテーマがありますけれども、そのような琉球社会を安定的に運営し、必要な事業を推進できるだけの人材、技術者が存在したのではないか、と思います。

●赤瓦の屋根の風景と背景

沖縄の赤瓦のある風景は、大正時代から普及します。それ以前は那覇や首里を離れ田舎に行きますと、ほとんどが茅葺きの家でした。大正時代から移民や本土に出稼ぎに行ったり、南洋出稼ぎに行った人たちが、金を自分の実家に送金した。その金を使って本格的な木造建築をつくり、瓦を乗せた。

ところが、王国時代の田舎に瓦葺きの建物はありました。村々の役所です。当時は間切番所という役所があり、敷地の中には倉庫もある。その倉庫で税金を蓄えた。八重山で支払うお米の税金は、季節風に乗って那覇から船がやってきて運びます。船は旧暦の3月、4月にやってくるが、まだ稲は収穫されてなくて、水田に生えている。収穫は初夏ですから、まだ収穫されていないのです。そうすると、やってきた船は何を運ぶかというと、去年取れたお米を運ぶ。今年のものは収穫が終わったら蓄えておいて来年の税金にします。そのために収穫したお米を安全に寝かしておくための倉庫機能が必要になってくる。それが、茅葺きだったり、板葺きだったりすると、火災が発生した瞬間にたちどころに全部なくなってしまうということになります。そのために耐火性のある建物を確保する必要があるというので、離島や田舎に行っても役所、今で言う公共施設が瓦葺きになります。

首里や那覇で焼かれていた瓦を船に乗せて宮古島、石垣島まで運ぶとコストがかかりすぎる。どうしたかというと、首里や那覇から技術者が宮古や八重山に派遣されて、向こうの土を使って現場で瓦を焼くということが始まります。地元の土を使って焼くと、赤瓦の色になる。だから、赤瓦文化というのは、公共施設を中心に普及した。瓦をいちいち那覇から運ぶと割れやすく、コストもかかりすぎる。むしろ地元で焼いてしまうという政策が展開される。それで焼かれた赤瓦が風景をつくっていくという、そういう問題もあります。

○後世の人間に継承される事業の展開

沖縄らしい風景、雰囲気というものを今のわれわれは話題にします。しかし、それは、私が説明したように、自然にできたわけじゃなく、当時の琉球が置かれた状況と、それをどう打開していこうかという政策、努力、事業が生み出した達成であることをぜひ理解していただきたいというわけです。

蔡温という人の話をしましたけれども、彼は中国で自分の意識が変わってしまうほどのアドバイスを受けた。そのテーマはどういう効果があるのか、なぜそれが人々を幸せにするのかということを考えて仕事をしろと言われた。学問の意味を考え、琉球の人を幸せにしたいと思うのなら、具体的に考えろ、とアドバイスされた。

実際に、蔡温という人は、そのようなことを相当意識して、政治家としてだけではなく技術者として、必要なときいつでも活動できた。そういう蓄積をもったリーダーだったというふうに思うわけです。

私が申し上げたいことは、沖縄的な風景というものは時代の要請、時代的な課題といったものに即応しながら行われ、営まれた結果です。それが後世の人間に沖縄的な風景、沖縄的な伝統として愛され評価されるものになる。つまり、言い換えますと、後世の歴史的な評価というものに耐え得るようなものになる。

現在の土木関係の成果を見ていますと、沖縄の風土というか、伝統に配慮した、工夫された道路や護岸、橋、ダムがあります。土木関係の人たちも随分配慮する時代になったんだなと素人なりに感じますけれども、やはり大事なことは、その時代の要請にしっかり応える事業を展開することです。そして自分たちが行っている事業が50年先、100年先の歴史的な評価に耐え得るような、つまり、時代を越えて社会のストックだ、沖縄的な財産だと言っていただけるような事業を目指すということが大事ではないのかと考えます。

ですから、後世の人たちに評価されるような事業をやる人たちというのは、それなりの志を抱えているわけですけれども、いい仕事というものはあとに続く人間たちによって継承されていく。継承されていくことを通じて、みんなの財産だと考えられるようなストック、蓄積になっていくのではないかと考えるわけです。

［終］

《注》

本講演録は、平成14年11月22日に那覇市のパレット市民劇場において開催された「沖縄の土木技術を世界に発信する会」の主催による第7回シンポジウムに先立って行われた「本土復帰30周年記念講演」をまとめたものです。

琉球の土木史年表

	(日本)	(中国)	(沖縄)
	平安時代	元	古琉球
	鎌倉時代		
	南北朝時代	明	
	室町時代		

1187	（舜 天1）	浦添按司の舜天、王位につくと伝わる。
1261	（英 祖2）	英祖、王家の墓である浦添ようどれを造営と伝わる。
1350	（察 度1）	察度、中山王に即位と伝わる。
1372	（察 度23）	中山王の察度、初めて明に入貢する。
1383	（察 度34）	三山（山北・中山・山南）が互いに争い、明より停戦を勧告される。
1427	（尚巴志6）	首里城の北に人工池（龍潭）を掘り庭園を整備して、城の威容を高める。（安国山樹華木記）。
1428	（尚巴志7）	首里城外に中山門が建てられ、王都の主要道として綾門大道が整備される。
1429	（尚巴志8）	中山の尚巴志、山南を滅ぼして琉球を統一する（第一尚氏王朝の成立）。
1439	（尚巴志18）	尚巴志が死去し、首里の陵墓（天齎山）に葬られる。
1451	（尚金福2）	国相の懐機、浮島であった那覇と沖縄本島をつなぐ海中道路（長虹堤）を築く。
1453	（尚金福4）	志魯・布里の乱が起こり、首里城が焼失する。

室町時代

戦国時代

明

古琉球

1458（尚泰久5）　護佐丸・阿麻和利の乱起こる。この年までに中城グスク、勝連グスクのかたちは整う。

1465（尚　徳5）　首里城正殿に万国津梁の鐘を掛ける。この頃、多くの寺院が建設される。成化年間（1465～1487）、歴代国王の霊廟として崇元寺が、また天王寺が建立される。

1470（尚　円1）　尚円（金丸）、クーデターにより即位。第二尚氏王朝が成立する。

1477（尚　真1）　尚真王即位。王国体制の基盤を確立するとともに、数々の造営事業を行う。

1492（尚　真16）　琉球最大の寺院である円覚寺が建立される。

1497（尚　真21）　尚真王の命により、首里の官松嶺に松を千株植える（官松嶺記）。

1498（尚　真22）　円覚寺境内の池に放生橋が造られる。

1500（尚　真24）　王府軍、アカハチの乱を鎮圧し、八重山を征服する。

1501（尚　真25）　王家の陵墓である玉陵が築かれる。

1502（尚　真26）　円鑑池を掘り、池中に大蔵経を奉納するための経堂（のちの弁財天堂）を設置。あわせて天女橋、龍淵橋も造られる。

1519（尚　真43）　園比屋武御嶽、弁ヶ嶽に石門が築かれ、国家的祭祀場が整備される。

1522（尚　真46）　那覇港防衛のため、軍の展開を容易にする目的で首里城から豊見城に至る道路（真珠道）の整備を行う。真珠（真玉）橋もこの時に架橋される。

1529（尚　清3）　首里城の歓会門前に守礼門（当時は首里門、待賢門と呼ばれる）を創建する。

室町時代（戦国時代）	安土桃山時代	江戸時代
明		清

古琉球

年	出来事
1542（尚清16）	土木事業を担当する石奉行・木奉行の職に座喜味親方秀昌が就任する。
1546（尚清20）	琉球全土から人夫を動員して首里城の増築工事が行われ、城壁を二重にし、継世門を設置する。
1547（尚清21）	国王別邸の大美御殿を建設する。
1554（尚清28）	那覇港口に屋良座森城を築造し、海賊の来襲に備える（同じ頃、屋良座森グスクの対岸に三重グスクも築かれる）。
1597（尚寧9）	浦添城から首里入口の儀保までの道路・橋の整備を行い、竣工記念碑として浦添城の前の碑を建立する。

近世琉球

年	出来事
1609（尚寧21）	薩摩・島津氏の軍、琉球を征服する。薩摩の指示によって琉球各地で検地が実施され、農地の測量が行われる（慶長検地）。
1620（尚寧32）	尚寧王、浦添ようどれを修築する（極楽山碑文）。
1623（尚豊3）	儀間真常、中国より導入したローラー圧搾機による製糖法を成功させる。
1628（尚豊8）	崇禎年間（1628〜44）、王子の邸宅である中城御殿を創建する。
1649（尚質2）	薩摩により琉球の地図（正保国絵図）が作成される。この頃までに首里から各地に伸びる街道がほぼ整備される。
1660（尚質13）	首里城、失火により焼失。王府を大美御殿に移す。
1661（尚質14）	龍潭に慈恩寺から石造アーチの橋を移設する（世持橋）。
1671（尚貞3）	向象賢（羽地朝秀）の指導により首里城が再建される。それまでの板葺き屋根を瓦葺きに改める。
1674（尚貞6）	久米村に孔子廟が建てられる。

江戸時代

清

近世琉球

1677（尚貞9） 首里に王家の別邸、御茶屋御殿（東苑）を創建する。

1691（尚貞23） 浦添の小湾川に架けられた勢理客橋を再建する（勢理客橋碑）。

1708（尚貞40） 木造の真玉橋を石造に改築する（重修真玉橋碑文）。

1709（尚貞41） 首里城、再び焼失する。

1715（尚敬3） 首里城が再建される。

1717（尚敬5） 木造の比謝橋を石造に改築する。
土砂が堆積した那覇港を浚渫して港湾機能の維持をはかる。
（新濬那覇江碑文）。

1719（尚敬7） 儒学の振興のため、明倫堂を建立し、儒学教育が行われる。
（琉球新建儒学碑記）

1728（尚敬16） 蔡温（具志頭文若）が三司官に就任し、風水説をふまえた治水・治山の整備事業に積極的に取り組む。

1729（尚敬17） 首里城の改築修理が行われ、玉座（御差床）を中央に移し、正殿を唐玻豊と改称する。

1735（尚敬23） 蔡温の主導によって羽地大川の改修が行われ、国土保全と農業基盤の確保が図られる。

1737（尚敬25） 乾隆（元文）検地の開始。当時の最先端技術を用いて沖縄本島及び周辺離島で農地の測量が行われる。
王府の管理する山林（杣山）についての法令が出され、山林資源の保護が図られる。

江戸時代 | 明治時代 | 大正時代

清 | 中華民国

近世琉球

- 1743（尚敬31） この頃、今帰仁グスクの範囲を測量した「今帰仁旧城図」が作成される。
- 1744（尚敬32） 弁財天堂に架けられた天女橋を修理する（重修天女橋碑記）。
- 長虹堤の幅がせまく周りの水深も浅くなっていたため、美栄橋を架けて人と船の往来を便利にする（新修美栄橋碑記）。
- 1768（尚穆17） 首里城正殿の解体修理が行われる。
- 1799（尚温5） 首里の識名に王家の別邸が建てられ（識名園）、国王一家の保養や外国使節の接待に利用される。
- 1801（尚温7） 首里に最高学府の国学を開き、学問の振興、人材の育成を図る。
- 1817（尚灝14） 宮古下地間切の池田矼（橋）、大修理が行われる。
- 1837（尚育3） 真玉橋、大雨で破損したため再度改修する（重修真玉橋碑文）
- 1846（尚育12） 首里城正殿の解体修理が行われる。

近代沖縄

- 1879（明治12） 琉球処分。王国体制は廃止され、沖縄県として日本に編入される。
- 1883（明治16） 渡地と奥武山、奥武山と垣花に2本の木橋（明治橋）が掛けられ交通の利便性が高まる。
- 1884（明治17） 首里―那覇間の道路を砂利敷きにし、本格的な道路整備が開始される。
- 1907（明治40） 那覇港の修築工事が開始され（～1915）、浚渫工事・護岸工事によって大型の船が接岸可能となる。
- 1908（明治41） 比謝橋をかさ上げして二重橋にし、流水の氾濫を防ぐ。
- 1914（大正3） 那覇―与那原間に沖縄県営鉄道が開通する。

昭和 | 平成

中華人民共和国

現代沖縄

1945（昭和20） 沖縄戦。多くの人命とともに文化・建築遺産が破壊される。

1952（昭和27） 琉球政府が発足する。

守礼の門が復元される。

1972（昭和47） 本土復帰。沖縄振興開発計画にともなう本格的な整備事業が推進される。

1975（昭和50） 沖縄国際海洋博覧会開催。

1992（平成4） 首里城正殿が復元され、首里城公園として一般に公開される。

2000（平成12） 先進国首脳会議・沖縄サミット開催。首里城にて歓迎晩餐会。

2003（平成15） 沖縄都市モノレール（ゆいレール）開通。

（上里隆史作成）

● 参考文献

沖縄県教育委員会文化課編『金石文―歴史資料調査報告書Ⅴ』（緑林堂、1985）
沖縄県教育委員会文化課編『島尻方諸海道・首里・那覇の道』（緑林堂、1987）
外間守善・波照間永吉編著『定本琉球国由来記』（角川書店、1997）
『日本歴史地名体系48　沖縄県の地名』（平凡社、2002）
首里城公園友の会編『首里城の復元～正殿復元の考え方・根拠を中心に～』（海洋博覧会記念公園管理財団、2003）
安里進ほか編『県史47　沖縄県の歴史』（山川出版社、2004）

初出一覧

本書掲載の各論考は、建設情報誌「しまたてぃ」（㈳沖縄建設弘済会・技術環境研究所 発行）の「歴史に学ぶ土木事業シリーズ～琉球の時代～」に連載されたものです（講演を除く）。

本書収録にあたって、章別に再構成いたしました。また、「しまたてぃ」掲載時とは、論考タイトルを変更しているもの（＊印が、「しまたてぃ」掲載時のもの）もあります。

1　総論

土木事業とその歴史的背景　～豊かな歴史像のために～　高良　倉吉　２０００年４月　第12号

2　港

那覇港の成立とその機能維持　外間　政明　２０００年７月　第13号

3　道・橋

国頭方西街道と比屋根坂石畳道　福島　清　２００２年１月　第20号
＊比屋根坂石畳道

首里と那覇を結ぶ海中道路～長虹堤の跡を追って～　福島　駿介　２００２年10月　第23号
＊長江堤の跡を追って

中北部を結ぶ比謝橋　～木橋から石橋へ～　宮平　友介　２０００年10月　第14号
＊比謝橋について

木橋から石造橋へ　～真玉橋の変遷とその構造～　久保　孝一　２００２年４月　第21号
＊真玉橋

国内最古の石橋・池田矼（橋）　仲宗根　將二　２００３年４月　第25号

4　河川

近世琉球を代表する土木事業　～蔡温が指揮した羽地大川の改修～　中村　誠司　２００１年１月　第16号
＊土木技術時代の魁～蔡温が指揮した羽地大川の改修～

5　庭園・グスク

龍　潭　～その歴史的景観と今日的意味～　平良　啓　２００１年10月　第19号

琉球独特の工夫をこらした庭園　～世界遺産・特別名勝「識名園」～　古塚　達朗　２００２年７月　第22号
＊世界遺産・特別名勝「識名園」

勝連城跡　～勝連城の普請と作事～　上原　静　２００３年１月　第24号

6　集落

山原の村落風水と風景　中村　誠司　２０００年１月　第11号

渡名喜集落の空間構成　～重要伝統的建造物群保存地区指定集落の景観～　武者　英二　２００１年４月　第17号

ちゅらさ小湾～沖縄戦で失われた旧小湾集落の復元～
*渡名喜集落の形成とその特徴
武者　英二　2003年10月　第27号

7　技術
沖縄の伝統的建築技術の将来～首里城正殿の復元を通して～平良　啓　2003年7月　第26号
今帰仁旧城図と琉球王国の測量技術　安里　進　2001年7月　第18号
沖縄の石積み（一部改稿）　久保　孝一・安和　守史　2004年1月　第28号
*沖縄の石積み工法とアーチ

8　まとめ
温故知新と土木学～「まとめ」にかえて～（一部改稿）　上間　清　2004年7月　第30号
*温故知新と土木学～歴史に学ぶ土木事業シリーズのまとめに代えて～

座談会　遺産としての琉球土木史　高良　倉吉・上間　清・安里　進・平良　啓
2004年9月21日

講　演　（本土復帰30周年記念講演）
琉球王国時代の公共工事とその歴史的背景　高良　倉吉　2003年3月
「津梁」（沖縄の土木技術を世界に発信する会　編集・発行）第7号

琉球の土木史年表（書き下ろし）　上里　隆史

執筆者紹介（掲載順）

高良倉吉　たから くらよし
１９４７年沖縄県伊是名村生まれ。１９７１年愛知教育大学卒業。
現・琉球大学法文学部教授。
主な著書。『琉球の時代』（１９８０、筑摩書房）、『琉球王国』（１９９３、岩波新書）、『アジアのなかの琉球王国』（１９９８、吉川弘文館）

外間政明　ほかま まさあき
１９６７年沖縄県那覇市生まれ。１９９４年鹿児島大学大学院人文学科修了。
現・那覇市市民文化部歴史資料室学芸員。

福島　清　ふくしま きよし
１９４８年東京都中野区生まれ。１９７１年芝浦工業大学建築学科卒業。
現・（株）国建　地域計画部執行役員。
主な著書・論文。『首里城入門』（共著、ひるぎ社）、『琉球王府　首里城』（共著、ぎょうせい）、『首里城の復元〜正殿復元の考え方・根拠を中心に〜』（共著、海洋博覧会記念公園管理財団）

福島駿介　ふくしま しゅんすけ
１９４１年中国上海生まれ。１９６６年東京工業大学工学部建築学科卒業。
現・琉球大学工学部教授。
主な著書・論文。『沖縄の石造文化』（１９８７、沖縄出版）、『琉球の住まい』（１９９３、丸善）、『居住のための建築を考える』（共著、１９９４、建築資料研究社）、「首里城下町の復元的研究」（２００４）

宮平友介　みやひら ゆうすけ
１９５０年沖縄県嘉手納町生まれ。１９９５年沖縄国際大学商経学部第２部経済学科卒業。現・嘉手納町教育委員会中央公民館町史文化財主幹。

久保孝一　くぼ こういち
１９４４年和歌山県高野口町生まれ。１９６７年早稲田大学教育学部社会科卒業。
現・（社）沖縄建設弘済会 企画部参与。
主な著書・論文。『沖縄の景観』（共著、１９８９、沖縄建設弘済会）、『真玉橋之記』（１９９０）

仲宗根將二　なかそね まさじ

１９３５年沖縄県平良市生まれ。１９５６年鹿児島県立鶴丸高校卒業。

現・宮古郷土史研究会会長、平良市史編さん委員会委員長。

主な著書・論文。『宮古風土記』（１９８８、ひるぎ社）、『近代宮古の人と石碑』（１９９４、私家版）、『沖縄県・宮古史料の旅』（１９９５、私家版）、『平良市史　全１０巻』（共編著　１９７６〜２００３）

中村誠司　なかむら せいじ

１９４８年大阪府大阪市生まれ。１９７５年広島大学文学部文学研究科博士課程修了。

現・名桜大学国際学部教授。

主な著書・論文。『字誌づくり入門』（１９８９、名護市教育委員会）、『羽地大川―山の生活誌』（１９９６、北部ダム事務所・名護市）

平良　啓　たいら ひろむ

１９５４年沖縄県那覇市生まれ。１９７９年九州産業大学工学部建築学科卒業。

現・（株）国建　建築設計部部長。

主な著書・論文。『琉球王府　首里城』（共著、ぎょうせい）、『火燃ゆる強者どもの城』（共著、毎日新聞社）、『写真で見る首里城』（財団法人海洋博覧会記念公園管理財団）、「首里城正殿の復元と首里城を愛護する組織の活動に関する実践的研究」（齊木崇人との共著、芸術工学会提出論文）

古塚達朗　ふるづか たつお

１９５９年兵庫県西宮市生まれ。１９９９年パシフィック・ウエスタン大学大学院博士課程教育学部研究科史学専攻修了。

現・那覇市教育委員会生涯学習部文化財課課長。文学博士。

主な著書・論文。『名勝「識名園」の創設―琉球庭園の歴史』上・下巻（２０００、ひるぎ社）、『ぶらりスージグヮー』（共著、１９９２、沖縄出版）

上原　靜　うえはら しずか

１９５２年沖縄県那覇市生まれ。１９９９年沖縄国際大学大学院地域文化研究科卒業。

現・沖縄国際大学総合文化学部社会文化学科助教授。

主な著書・論文。「琉球諸島出土の中・近世瓦の研究略史」（１９９８）、「輝緑岩製石厨子にみる屋根瓦」（２０００）、「沖縄諸島における中世考古学の現状と課題」（２００３）、「沖縄諸島における考古学からみた遊戯史」（２００４）

武者英二　むしゃ えいじ

１９３６年東京都生まれ。１９６０年法政大学工学部建築学科卒業。

現・法政大学名誉教授、法政大学沖縄文化研究所兼任所員、東京建築士会理事・評議員、日本民俗建築学会評議員、高度職業能力開発センター運営競技会専門部会委員、など。

主な著書・論文。『沖縄久米島の総合的研究』（1979、弘文堂）、『小湾字誌―沖縄戦・米占領下で失われた集落の復元』（1995、小湾字誌編集委員会）、『沖縄八重山の研究』（2000、相模書房）、『屋根のデザイン百科』（1999、彰国社）。（いずれも共著）。その他

安里　進　あさと すすむ

1947年沖縄県那覇市生まれ。1972年琉球大学史学科卒業。

現・浦添市教育委員会文化部長。

主な著書。『考古学からみた琉球史』上、下（1990―91、ひるぎ社）、『琉球・沖縄写真資料集成！かつて沖縄は独立国であった』（1997、日本図書センター）、『グスク・共同体・村』（1998、榕樹社）、『沖縄人はどこから来たか』（共著、1999、ボーダーインク）

安和守史　あわ もりふみ

1977年沖縄県沖縄市生まれ。2003年琉球大学大学院理工学研究科卒業。

現・（社）沖縄建設弘済会　技術環境研究所研究員。

上間　清　うえま きよし

1935年沖縄県那覇市生まれ。米国ミシガン大学大学院工学研究科。

現・琉球大学名誉教授。

主な著書・論文。「沖縄地域交通史史料 。「」」（1992―93、琉球大学工学部計画交通研究室）、「沖縄地域総合交通史研究」（1993、科研報告書）、「沖縄の原風景に関する基礎的研究―造景史的考察を中心として―」（1999、土木学会西部支部研究発表会）、「琉球の城と石橋」（1995、土木学会編『日本土木歴史探訪』所収）

上里隆史　うえざと たかし

1976年長野県佐久市生まれ。2001年琉球大学法文学部人文学科卒業。

現・早稲田大学大学院文学研究科修士課程。

主な著書・論文　「琉球の火器について」（『沖縄文化』91号、2000）、「古琉球の軍隊とその歴史的展開」（『琉球アジア社会文化研究』5号、2002）、「首里グスク出土の武具資料の一考察」（『紀要沖縄埋文研究』2号、共著2004）嘉手川学編『沖縄チャンプルー事典』（山と渓谷社、共著2001）

あとがき

本書は、社団法人沖縄建設弘済会の創立20周年を記念して発行されるものです。

沖縄戦終結から60年目、沖縄の本土復帰から33年目を迎える今年は、沖縄の振興開発が一段落し、自立型経済の構築に向けて、新しい展望を切り開く節目の年であることは衆目の一致するところです。

復帰後の沖縄は、三次にわたる沖縄振興開発計画によって、水資源開発、道路網の整備、空港、港湾、公園整備等の沖縄の社会資本整備が図られてきました。平成15（２００３）年には沖縄都市モノレール（ゆいレール）が運行開始されたことは記憶に新しいところです。

そのような中で、私ども（社）沖縄建設弘済会は、国（内閣府沖縄総合事務局）が行う建設行政、建設事業を補完・支援する業務を行ってまいりました。併せて未来の沖縄のための社会資本形成はどうあるべきかを課題として、さまざまな研究を行い、その成果を県民の共有財産とすべく広報活動を展開してきました。本書はそのような当会の研究広報活動の一端を広く県民に還元するために発行するものです。

本書の中核となっている各論考は、（社）沖縄建設弘済会が発行する建設情報誌「しまたてぃ」の歴史コーナー「歴史に学ぶ土木事業シリーズ～琉球の時代～」に連載されたものです。

琉球王府時代から現在に至る土木事業を、いわば「温故知新」の精神で捉え直すことを目的に、平成14（２００２）年４月（「しまたてぃ」第12号）にスタートを切り、平成16（２００４）年７月（「しまたてぃ」第30号）に終了したこのシリーズは、幸いに連載中から好評を戴きました。

これまで、沖縄の土木史についての文献がないわけではありませんが、ごく微々たるものです。また一部の人びとの目にしか触れ得ませんでした。本書は、歴史、土木、建築、考古などの専門家が最新の知見を駆使して、琉球の土木史が一覧できるよう、また、多くの県民に読んでいただけるように講演録、土木史年表なども加えて編集いたしました。

本書収録の各論考が扱っているテーマは、道路や橋、城、河川、庭園、港湾、集落形成などと多岐にわたっていますが、いずれも私たちの暮らしを支えているかけがえのない公共財産であり、沖縄の先人が築きあげた土木遺産です。私たちの先人が何を築き、何を伝えてきたかを再認識し、そして何を後世に受け継ぐべきかを考えるよすがとなれば幸いです。

最後になりましたが、シリーズの企画段階から出版に至るまで、ご指導ご助言をたまわりました上間清先生、高良倉吉先生をはじめ、ご多忙の中、素晴らしい原稿を寄せて頂きました各執筆者の方々に御礼申し上げます。また写真をはじめ貴重な史資料をご提供いただきました関係者の皆様に感謝申し上げます。（本書掲載の写真等は、可能なかぎり所蔵者の許可を得るようにつとめましたが、中には所蔵者不明のものがあります。ご連絡いただければ幸いです）

本書が土木建築関係者だけでなく、広く一般県民の皆様や大学生、高校生に愛読され、次なる時代への糧ともなればと願ってやみません。

平成十七年五月

『沖縄の土木遺産』編集委員会

協力者一覧

本書の編集にあたって下記の方々および機関のご協力をいただきました。記して感謝申し上げます。
(敬称略)

沖縄県立博物館、滋賀大学経済学部附属史料館、那覇市歴史資料室、沖縄県教育庁文化課、嘉手納町教育委員会、財団法人日本民藝館、名護市教育委員会、那覇市教育委員会、今帰仁村歴史民俗資料館、勝連町教育委員会、法政大学沖縄文化研究所、沖縄県立図書館、社団法人沖縄建設弘済会技術環境研究所、なんよう文庫、㈲ボーダーインク、上田真弓、田場由美雄、伊藤勝一、嘉納辰彦、村上キク、馬淵裕樹、藤井尚夫、岡本寛治、新良太

沖縄の土木遺産～先人の知恵と技術に学ぶ～

初版発行　　2005年５月19日

編　　集　「沖縄の土木遺産」編集委員会

発　　行　(社)沖縄建設弘済会
〒901-2122
沖縄県浦添市勢理客４－１８－１
ＴＥＬ（０９８）８７９－２０８７
ＦＡＸ（０９８）８７８－００３２

印　　刷　(有)サン印刷

発　　売　ボーダーインク
〒902-0076
那覇市与儀２２６－３
ＴＥＬ（０９８）８３５－２７７７
ＦＡＸ（０９８）８３５－２８４０